Tina Stümpfig-Rüdisser

Jin Shin Jyutsu

Heilströmen für Katzen

Schirner Verlag

Die Ratschläge in diesem Buch sind sorgfältig erwogen und geprüft. Sie bieten jedoch keinen Ersatz für kompetenten medizinischen Rat. Alle Angaben in diesem Buch erfolgen daher ohne Gewährleistung oder Garantie seitens der Autorin oder des Verlages. Eine Haftung der Autorin bzw. des Verlages und seiner Beauftragten für Personen-, Sach- und Vermögensschäden ist ausgeschlossen.

Wir verzichten auf das Einschweißen unserer Bücher – **UNSERER UMWELT ZULIEBE!**

ISBN 978-3-8434-1284-1

Tina Stümpfig-Rüdisser:
Jin Shin Jyutsu
Heilströmen für Katzen

Umschlag: Murat Karaçay, Schirner, unter Verwendung von # 396078325 (© Konstantin Aksenov), # 101421184 (© spirins), www.shutterstock.com, einem Foto der Autorin und einer Abbildung von Erwin Weber
Layout: Claudia Simon, Schirner, nach Vorlage von Silja Bernspitz, Schirner
Lektorat: Claudia Simon, Schirner
Printed by: Ren Medien GmbH, Germany

www.schirner.com

3. Auflage Mai 2022

Inhalt

Vorwort 6

Was ist Jin Shin Jyutsu? 8

Die Anwendung des Jin Shin Jyutsu 10

Hilfreiche Hinweise 12
Kurzanleitung für das Strömen 12 | Entspannen Sie sich 13 | Bleiben Sie dran 14 | Haben Sie Geduld 14 | Die 26 Sicherheitsenergieschlösser 15

Allgemeine Harmonisierer 18
Erste Zentrierung 19 | Zum Beleben der Energie 20 | Der Pfotenstrom 21 | Der Zentralstrom 22 | Die Betreuerströme 26

Drei weitere wichtige Ströme 30
Der Milzstrom 31 | Der Magenstrom 35 | Der Blasenstrom 40

Kopfbereich 46
Augen 47
Bindehautentzündung 47 | Fremdkörper im Auge 48 | Verklebung des Tränenkanals 49 | Verbesserung der Sehfähigkeit 49
Ohren 50
Gehör 50 | Ohrenentzündung 50 | Ohrmilben 52 | Ohrrandgeschwüre 53 | Blutohr 53
Maul und Zähne 54
Zahnfleischprobleme 54 | Maulschleimhautentzündung 54 | Maulgeruch 55 | Geschwüre und Wucherungen 56

Atemwege 58
Obere Atemwege 59
Schnupfen 59 | Nebenhöhlenentzündung 60 | Katzenschnupfen 61
Hals 62
Halsentzündung 62 | Kehlkopfkatarrh 63
Untere Atemwege 63
Husten und Bronchitis 63 | Reizhusten 64 | Lungenentzündung 64

Herz- und Kreislaufsystem 66
Herzerkrankung und Herzschwäche 67 | Kreislaufschwäche 68

Verdauungsorgane 70
Magen 71
Erbrechen 71 | Magenschmerzen und Kolik 71 | Magenschleimhautentzündung (Gastritis) 72
Appetitstörungen 73 | Abmagerung 73 | Darm 74
Verstopfung 74 | Durchfall 74 | Darmkoliken 76 | Darmparasiten 76
Leber 77 | Bauchspeicheldrüse und Milz 79
Bauchspeicheldrüse 79 | Diabetes 80

Harnsystem 82
Blase 83 | Niere 84
Nierenentzündung 84 | Nieren- und Blasensteine 86

Geschlechtsorgane 88
Männliche Geschlechtsorgane 89
Hodenentzündung 89 | Prostata 89
Weibliche Geschlechtsorgane und Geburtshilfe 90:
Trächtigkeit 90 | Geburtsvorbereitung 91 | Geburtshilfe 91 | Geburtsschmerzen 92 |Wehenschwäche oder zu heftige Wehen 93 | Neugeborenes: Probleme mit der Atmung 93 | Milchmangel und Milchüberschuss 94 | Entzündung des Gesäuges 94 | Scheinträchtigkeit 95

Haut und Fell 96
Haarausfall 97 | Stumpfes Fell 97 | Schuppen 98 | Ekzeme 98 | Furunkel und Abszesse 99 | Juckreiz 99 | Hautpilz 100 | Allergien 100

Gehirn 102
Epilepsie 103 | Schlaganfall und Hirnblutung 104

Nervensystem 106
Muskelzucken 107 | Lähmungen 108

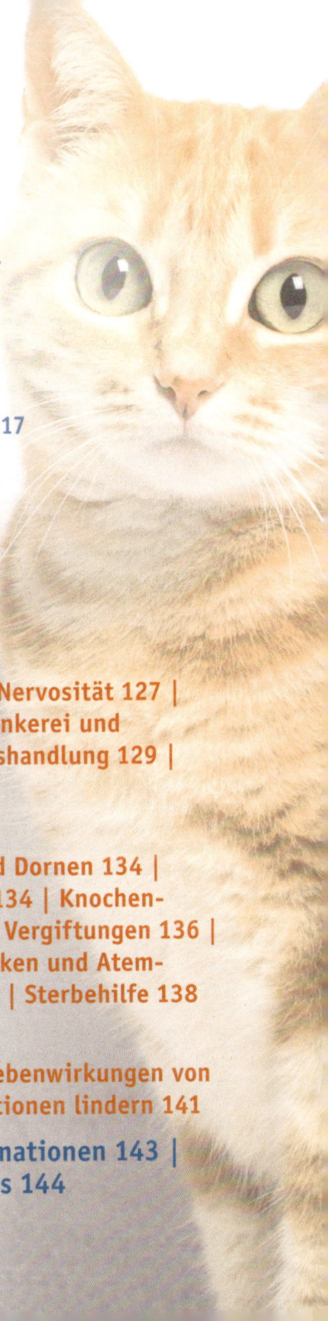

Bewegungsapparat 110

Rücken und Wirbelsäule 111 | Muskeln 112: Muskelkrämpfe 112

Bänder, Sehnen und Gelenke 113

Verstauchung und Zerrung 113 | Stärkung der Bänder und Sehnen 114 | Gelenkentzündung (Arthritis) 114 | Gelenkabnutzung (Arthrose) 115 |

Knochen 116

Knochenbrüche 116 | Stärkung der Knochen 117

Immunsystem 118

Geschwülste und Tumore 120

Ödeme 123

Infektionskrankheiten 124

Verhalten und Psyche 126

Ängste und Panik 127| Unsicherheiten und Nervosität 127 | Schreckhaftigkeit 128 | Futterneid 128 | Zankerei und Aggression 128 | Vernachlässigung und Misshandlung 129 | Lärmempfindlichkeit 130

Verletzungen und Notfälle 132

Wunden und Bisse 133 | Stiche, Splitter und Dornen 134 | Verbrennungen 134 | Gehirnerschütterung 134 | Knochenbrüche 135 | Prellungen 135 | Schock 135 | Vergiftungen 136 | Hitzschlag und Sonnenstich 136 | Verschlucken und Atemnot 137 | Operationen 137 | Schmerzen 138 | Sterbehilfe 138

Andere Probleme 139

Stubenreinheit 140 | Unsauberkeit 140 | Nebenwirkungen von Medikamenten ausgleichen 140 | Impfreaktionen lindern 141

Nachwort 142 | Dank 142 | Weitere Informationen 143 | Literaturempfehlungen 143 | Bildnachweis 144

Vorwort

Jin Shin Jyutsu ist ein intuitives Heilwissen, das wir Menschen von Geburt an in uns tragen und oft unbewusst immer wieder anwenden.

Wenn wir zum Beispiel beim Nachdenken den Kopf in die Hände stützen, aktivieren wir bestimmte Hirnregionen und helfen uns selbst, uns an Sachen zu erinnern. Kinder in der Schule setzen sich oft auf ihre Hände, wodurch sie sich besser konzentrieren, aufmerksamer zuhören und sich das Gelernte besser merken können. Wenn wir die Arme überkreuzen, berühren wir einen Punkt in der Ellenbeuge, der uns hilft, in unserer eigenen Autorität und Kraft zu sein. Auch legen wir intuitiv die Hände auf schmerzende Stellen, bei uns selbst oder beim Tier, auch zur Beruhigung. Jeder kennt Jin Shin Jyutsu – wir müssen uns nur wieder daran erinnern.

Jin Shin Jyutsu ist eine sanfte Heilkunst zur Harmonisierung der Lebensenergie, die sowohl beim Menschen als auch beim Tier angewandt werden kann. Indem wir die Hände auf bestimmte Punkte am Körper legen, bringen wir die Lebensenergie wieder in Schwung, die Selbstheilungskräfte werden angeregt, und Beschwerden und Symptome werden gelindert oder verschwinden ganz. Strömen ist eine wunderbare und einfache Möglichkeit, seelisch und körperlich wieder in Balance zu kommen.

Wenn Ihre Katze in tierärztlicher Behandlung ist oder eine Operation ansteht, können Sie sie mit Jin Shin Jyutsu unterstützen. Es wirkt stärkend nach operativen Eingriffen, der Heilungsprozess wird unterstützt, und Narkosen werden besser vertragen.
Durch das Halten bestimmter Punkte am Körper geben Sie der Lebensenergie »Starthilfe«, sodass sie wieder harmonisch, gleichmäßig und kraftvoll fließen kann. Ein harmonischer Fluss der Lebensenergie ist Voraussetzung für Gesundheit und Wohlbefinden.
Auch wenn Ihre Katze keine Symptome aufweist oder sonstige Probleme hat, können Sie das Strömen prophylaktisch anwenden. Bereits durch wenige Minuten Strömen können Sie die Gesundheit und Widerstandsfähigkeit Ihres Stubentigers stärken.

Mit diesem Buch erhalten Sie die Möglichkeit, die wunderbare Methode des Jin Shin Jyutsu – das im Grunde viel mehr als nur eine Methode ist – mühelos und ohne Vorwissen anzuwenden. Genießen Sie die Kunst des Jin Shin Jyutsu gemeinsam mit Ihrer Katze!

Was ist Jin Shin Jyutsu?

Jin Shin Jyutsu ist eine uralte Kunst zur Harmonisierung der Lebensenergie im Körper. Fließt die Lebensenergie harmonisch, sind Mensch und Tier gesund. Entstehen Blockaden in den Energiebahnen, äußert sich das durch Unwohlsein und erste Symptome. Bleibt die Energie im Ungleichgewicht, können sich diese Symptome verfestigen, chronisch werden, und es kommen möglicherweise neue hinzu.

Das alte Wissen über das Heilströmen wurde in früheren Zeiten in den verschiedensten Kulturen gelebt, angewandt und mündlich weitergegeben, bis es im Laufe der Zeit schließlich in Vergessenheit geriet. Im Osten wurde dieses wertvolle Wissen jedoch nicht gänzlich vergessen, und so war es ein Japaner, Jiro Murai, der Anfang des 20. Jahrhunderts diese wertvolle Kunst wieder zum Leben erweckte, ihr den Namen »Jin Shin Jyutsu« gab und sie an seine Schüler Kato Sensei und Mary Burmeister weitergab.

Einleitung

Der Begriff »Jin Shin Jyutsu« besteht aus drei japanischen Wörtern:
Jin: wissender, mitfühlender Mensch
Shin: Schöpfer
Jyutsu: Kunst

und bedeutet ***»Die Kunst des Schöpfers durch den wissenden, mitfühlenden Menschen«.***

Umgangssprachlich wird Jin Shin Jyutsu »Heilströmen« oder einfach »Strömen« genannt, da durch das Halten bestimmter Energiepunkte am Körper die Lebensenergie wieder ungehindert zu »strömen« beginnt, was man auch mit ein wenig Übung spüren kann.
Diese Energiepunkte nennt man »Sicherheitsenergieschlösser«. Insgesamt gibt es 26 dieser Punkte, an denen die Energie in sehr konzentrierter Form vorliegt und über die, wenn man sie einfach nur hält, sich Blockaden leicht lösen lassen. Die Sicherheitsenergieschlösser befinden sich innerhalb der Energiebahnen, die Leben in den Körper bringen. Entstehen in diesen Bahnen Blockaden, wird der Energiefluss in der betreffenden Zone unterbrochen und letztlich das gesamte Energieströmungsmuster durcheinandergebracht. Dann entstehen Disharmonie und Krankheit.

Indem Sie die Hände auf bestimmte Sicherheitsenergieschlösser legen, unterstützen Sie Ihre Katze, seelisch, körperlich und geistig wieder in Harmonie zu kommen, Blockaden lösen sich auf, Symptome verschwinden.

Die Anwendung des Jin Shin Jyutsu

Ursprünglich wurde Jin Shin Jyutsu für den Menschen wiederentdeckt, doch die energetischen Gesetze gelten auch für die Tiere, und so können wir es genauso für Katzen anwenden. Katzen reagieren sogar meist schneller auf das Geströmtwerden als wir Menschen, weil sie eine andere Energieschwingung haben und vielleicht auch deshalb, weil sie sich selbst keine Denkblockaden erschaffen.

Wenn beim Menschen die Regel gilt: Strömen eines Erwachsenen – ca. 1 Stunde, Strömen eines Kindes – ca 20–30 Minuten, sind wir beim Tier bei ungefähr 10–15 Minuten – oft auch kürzer. Katzen zeigen Ihnen meist ganz deutlich, wenn es genug ist, indem sie sich dann einfach von Ihnen wegbewegen.

Beim Jin Shin Jyutsu halten Sie meistens zwei Punkte am Körper gleichzeitig, in der Regel sind das zwei Sicherheitsenergieschlösser.
Legen Sie die Finger oder die Handfläche so lange auf die angegebenen Punkte, bis die Lebensenergie wieder ungehindert zu fließen beginnt. Das können Sie spüren, es fühlt sich an wie eine Art Kribbeln, ein inneres Strömen oder ein gleichmäßiges Pulsieren. Jeder kann das etwas unterschiedlich wahrnehmen. Sie tun nichts weiter, als diese Punkte zu halten. Sie geben nicht Ihre eigene Energie, sondern Ihre Hände dienen sozusagen als Starthilfekabel, sodass sich die »Energiebatterien« wieder auf-

laden können und die Lebensenergie wieder kraftvoll und ungehindert fließen kann.

Halten Sie also die angegebenen Punkte mit den Fingern, den Fingerspitzen oder den Handflächen, und zwar so lange, bis Sie ein gleichmäßiges Strömen oder Pulsieren spüren. Anfangs, wenn man noch keine Erfahrung hat, ist dieses Pulsieren oder Strömen oft nicht deutlich wahrnehmbar. Es kann eine Zeit lang dauern, bis Sie sich auf die feinen Energien eingestimmt haben und diese deutlich wahrnehmen. Solange richten Sie sich einfach nach folgender Regel: Halten Sie jeden Punkt bzw. Griff 1–3 Minuten, und gehen Sie dann zum nächsten über. Wenn Sie nur einen Griff strömen, können Sie ihn 10–15 Minuten halten.

Bei einem längeren Strom wie dem Zentralstrom, der aus sieben Schritten besteht, genügt es, wenn Sie jeden Griff 2 Minuten halten, sodass die Katze jeweils ca. 15 Minuten am Stück geströmt wird. Sie können aber auch kürzere Sequenzen machen und dafür öfter am Tag strömen.

Wie gesagt zeigt Ihnen Ihre Katze meist, wann es genug ist, indem sie sich von Ihnen wegdreht, unruhig wird oder einfach geht. Manchmal ist das schon nach nicht einmal 1 Minute der Fall. Das ist völlig in Ordnung, und Sie können dann zu einem späteren Zeitpunkt noch einmal strömen.

Hilfreiche Hinweise

Kurzanleitung für das Strömen

- Sorgen Sie für eine möglichst ruhige und ungestörte Atmosphäre.
- Füttern Sie Ihre Katze vorher, damit sie nicht hungrig ist und ihre körperlichen Bedürfnisse die Ruhe nicht stören.
- Entscheiden Sie, welche Punkte oder Ströme Sie anwenden.
- Halten Sie zu Beginn die Punkte für die Erste Zentrierung (S. 19).
- Legen Sie dann Ihre Hände oder Finger auf die gewählten Energiepunkte.
- Halten Sie die Punkte so lange, bis Sie ein ruhiges, gleichmäßiges Strömen oder Pulsieren spüren (2–3 Minuten pro Griff).
- Je nach Thema können Sie 2–3 Anwendungen – oder auch mehr – pro Tag machen. Ihre Katze wird Ihnen zeigen, was ihr guttut.
- Zu den meisten Themen gibt es verschiedene Sicherheitsenergieschlösser oder Ströme. Probieren Sie sie aus, schauen Sie, was sich gut anfühlt. Wenn Ihre Katze einen bestimmten Griff nicht mag, versuchen Sie es mit einem anderen.
- Sie können nichts falsch machen!

Entspannen Sie sich

Jin Shin Jyutsu ist mühelos. Lassen Sie alle Anstrengung und Bemühung los. Es darf einfach sein! Achten Sie einfach darauf, was Ihnen und Ihrem Tier guttut. Richten Sie Ihre Aufmerksamkeit nicht auf die Symptome und darauf, diese zu beseitigen, sondern schauen Sie auf die Harmonie, die Lebensenergie, die immer da ist. Nehmen Sie diesen Puls wahr, der das Leben in den Körper bringt und den einwandfreien Energiekreislauf aufrechterhält. Durch das Strömen stärken Sie diesen Puls. Und Sie harmonisieren die Energieströme, die den Körper erschaffen, nähren und erneuern.

Lassen Sie sich von Ihrer Intuition leiten, und finden Sie Ihren persönlichen Weg. Noch einmal: Sie können nichts falsch machen! Auch wenn Sie aus Versehen einen »falschen« Punkt halten sollten, hat das keine negativen Folgen. Dann dauert es vielleicht einfach ein bisschen länger, bis die Wirkung eintritt.

Strömen ist immer an die Körperintelligenz gekoppelt, und der Körper nutzt es letztendlich genau so, wie er es benötigt.

Bleiben Sie dran

Gerade bei schwereren oder chronischen Erkrankungen ist es besonders wichtig, regelmäßig zu strömen. Sie können mehrmals täglich einfach nur für ein paar Minuten strömen und so regelmäßige Impulse geben. Oder Sie strömen einmal am Tag etwas länger. Richten Sie sich auch da nach Ihrer Katze, danach, womit sie sich wohlfühlt. Denken Sie daran: Auch gesunde Katzen werden gern geströmt! Durch regelmäßiges Strömen kommt Ihr Tier in einen tiefen Entspannungszustand, in dem umfassende Regeneration und Heilung geschehen können.

Haben Sie Geduld

Lassen Sie sich nicht verunsichern, wenn Sie bei einem bestimmten Thema, weswegen Sie strömen, zuerst einmal keine Veränderung bemerken. Das Körpersystem reguliert meist zuerst das, was das Lebewesen gerade am dringendsten braucht. Vielleicht wird Ihre Katze insgesamt ruhiger und entspannter, oder vielleicht ist ein anderes Symptom plötzlich verschwunden – Jin Shin Jyutsu wirkt immer, auch dann, wenn wir es selbst nicht wahrnehmen.

Das heißt allerdings nicht, dass dies einen Arzt ersetzen soll. Lassen Sie es immer tierärztlich abklären, wenn Ihre Katze, geschwächt, krank oder verletzt ist. Strömen können Sie dann immer zusätzlich.

Haben Sie Vertrauen, entspannen Sie sich, setzen Sie sich nicht unter Druck, und genießen Sie die Zeit mit Ihrem Tier. Seien Sie gespannt auf die Wirkung, die manchmal sehr schnell eintreten kann – und ein andermal da eintritt, wo man sie nicht erwartet. Jedes Strömen bringt mehr Harmonie, stärkt das Immunsystem und regt die Selbstheilungskräfte an.

Die 26 Sicherheitsenergieschlösser

Die Energieschlösser, auch Sicherheitsenergieschlösser (Abkürzung: SES) genannt, sind, wie bereits erwähnt, bestimmte Punkte am Körper, an denen Energie in hochkonzentrierter Form vorliegt. Es sind Orte von hoher Leitfähigkeit, die bei einer Berührung den Reiz gleich in das ganze Energieströmungsmuster, in die Energiebahnen, weiterleiten.

Die 26 Sicherheitsenergieschlösser befinden sich symmetrisch angeordnet auf jeder Körperseite.

Im Folgenden finden Sie die Abbildungen der SES bei der Katze.

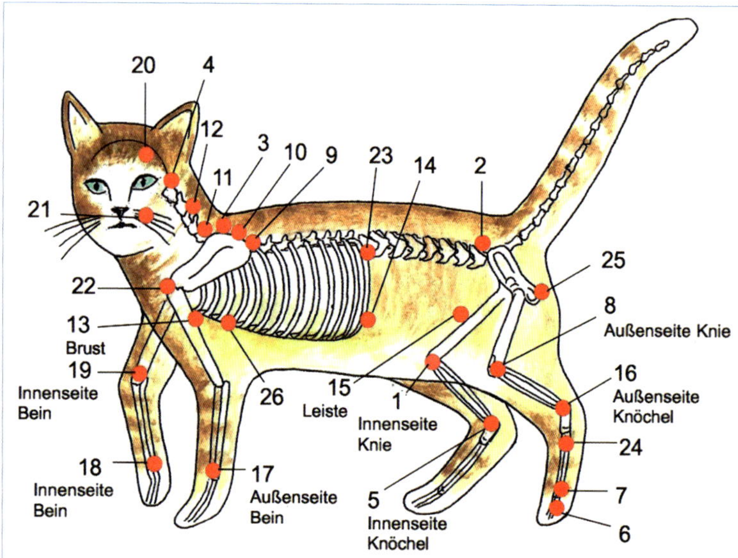

Jedes SES hat etwa den Durchmesser einer Pfote – beim Menschen den einer Hand. Das heißt, Sie brauchen sich keine Sorgen zu machen, ob Sie den Punkt wirklich treffen, da er groß genug ist. Sollten Sie ihn anfangs dennoch nicht genau treffen, ist es auch nicht schlimm. Sie werden feststellen, dass Sie die Lage der SES nach und nach immer mehr verinnerlichen und diese mit der Zeit sehr treffsicher wie von selbst finden.

Da Sie beim Strömen nichts falsch machen können und es mehr eine Kunst als eine Technik ist (Sie sind der Künstler!), experimentieren Sie einfach, probieren Sie aus, schauen Sie, was sich gut anfühlt und wobei sich Ihre Katze entspannt. Es gibt zu allen Symptomen und Themen mehrere Möglichkeiten zu strömen. Seien Sie kreativ, lassen Sie sich ruhig auch von Ihrem Bauchgefühl leiten. Vertrauen Sie sich und Ihrer Katze – Katzen wissen intuitiv oft sehr gut, was sie gerade brauchen.

Allgemeine Harmonisierer

19 Erste Zentrierung

20 Zum Beleben der Energie

21 Der Pfotenstrom

22 Der Zentralstrom

26 Die Betreuerströme

Erste Zentrierung

Folgender Griff eignet sich sehr gut für den Beginn einer Behandlung: Legen Sie eine Hand auf **SES 13,** die andere Hand auf **SES 10.**

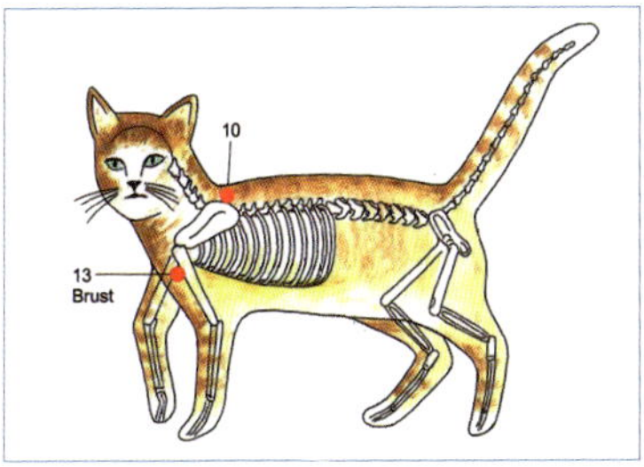

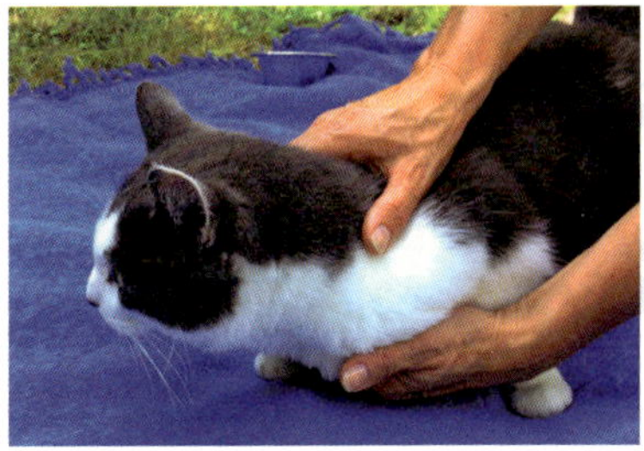

Dies ist ein guter Griff zur Begrüßung und Einstimmung und zur ersten Entspannung. Er bringt Aus- und Einatmung ins Gleichgewicht und hilft, zur Ruhe zu kommen und sich auf das Geströmtwerden einzulassen.

Es ist auch ein wichtiger Griff bei

- allen Atemproblemen,
- Allergien,
- Husten,
- Bronchitis,
- Trächtigkeit,
- vernachlässigten und misshandelten Katzen
- und sehr scheuen Tieren.

Zum Beleben der Energie

Dieser einfache Griff eignet sich ebenfalls gut für den Beginn einer Behandlung. Er belebt die Energie und führt zugleich zu einer tiefen Beruhigung. Es ist auch ein hilfreicher Griff für sehr unruhige Katzen, die sich sonst nicht so gern berühren lassen. ***Ebenso handelt es sich um einen guten Erste-Hilfe-Griff bei allen Verletzungen, nach Unfällen, bei Schock und Überhitzung.***

Für die linke Körperseite:

Legen Sie die linke Hand auf das **linke SES 4** (direkt unter der Schädelbasis) und die rechte Hand auf das **linke SES 13** (am linken Brustkorb ungefähr auf Höhe der dritten Rippe).

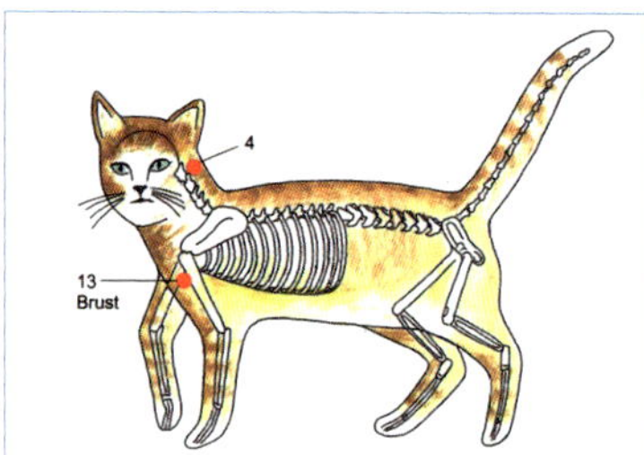

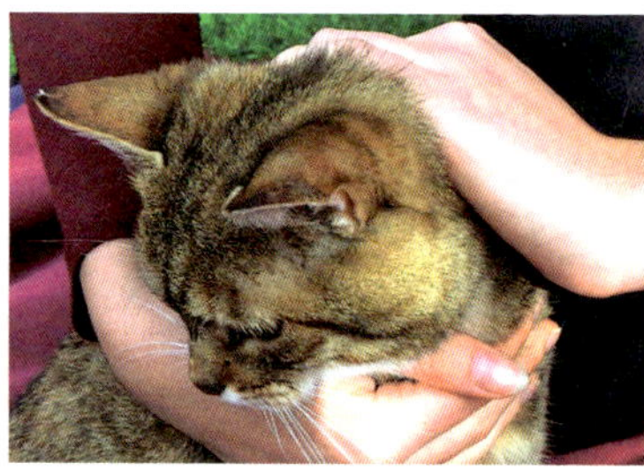

Und umgekehrt für die rechte Körperseite:

Rechte Hand auf **rechtes SES 4** und linke Hand auf **rechtes SES 13.**

Dieser Griff

- harmonisiert die Emotionen,
- löst allgemeine Müdigkeit,
- hilft bei allem, was mit dem Kopf zu tun hat,
- stärkt die Augen,
- unterstützt die Beine auf der jeweiligen Körperseite,
- hilft der Hüfte
- und ist ein sehr hilfreicher Griff in der Sterbehilfe (S. 138).

Der Pfotenstrom

Beim Pfotenstrom hält man eine **Vorderpfote** und die **Hinterpfote** auf der anderen Körperseite, also rechte Vorderpfote mit linker Hinterpfote, linke Vorderpfote mit rechter Hinterpfote. Es handelt sich um einen sehr einfachen und doch extrem wirkungsvollen Strom, den man immer und überall anwenden kann.

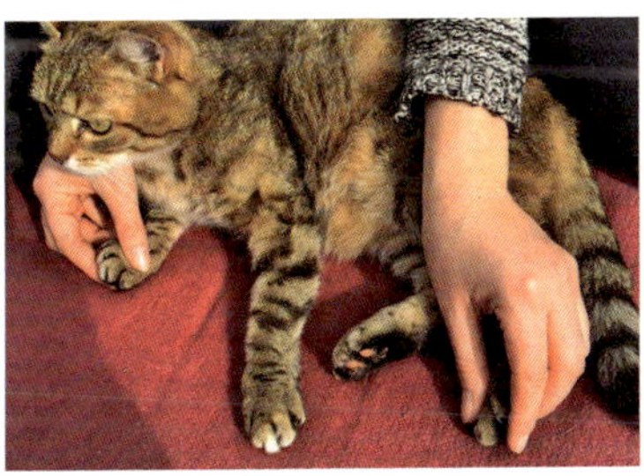

Der Pfotenstrom regeneriert und erneuert den ganzen Körper, hilft bei Knochenbrüchen und Verstauchungen, stärkt die Wirbelsäule und hilft bei allen Rückenproblemen. ***Er ist ein wichtiger Strom bei einem Schlaganfall und dient als Erste-Hilfe-Griff bei Verletzungen.***

Der Zentralstrom

Der Zentralstrom verbindet Mensch und Tier direkt mit der universellen Lebensquelle, der göttlichen Energie, der Quelle, die das Leben in den Körper bringt. Er wird auch »Wunderheiler«, »Hauptzentralstrom« oder »Mittelstrom« genannt und versorgt uns Menschen und die Tiere mit der universellen Lebensenergie. Er fließt ununterbrochen an unserer Körpervorderseite, beim Tier an der Körperunterseite, hinunter und an der Körperrückseite bzw. -oberseite wieder hinauf. Also genau auf der Mittellinie des Körpers, daher auch die Bezeichnung »Mittelstrom«.

Jiro Murai nannte diesen Strom auch den »großen Lebensatem«. Da er die direkte Verbindung zur universellen Energie ist, ist er sozusagen unsere Hauptversorgungsquelle, die Verbindung zwischen Geist und Materie. Durch ihn wird Leben überhaupt erst möglich. Er liefert die Energie für alle Vorgänge im Körper.

Indem wir bestimmte Energiepunkte halten, können wir dem Zentralstrom helfen, kraftvoll und ungehindert zu fließen.

Lassen Sie sich nicht von der Länge des Stromes abschrecken. Sie werden schon gleich beim ersten Strömen merken, wie logisch und einfach die Griffe des Stroms sind. Da er der kraftvollste Strom überhaupt ist, lohnt es sich auf jeden Fall, sich mit ihm zu befassen und ihn immer einmal wieder anzuwenden. Strömen Sie von der linken Seite aus. Es ist nicht so kompliziert, wie es aussieht.

1. Schritt: Legen Sie die linke Hand zwischen die **beiden SES 13,** in die Mitte der Brust. Sie bleibt bis zum Ende des Stromes da liegen. Legen Sie die rechte Hand in die Mitte der **beiden SES 25,** also an das untere Ende der Wirbelsäule.

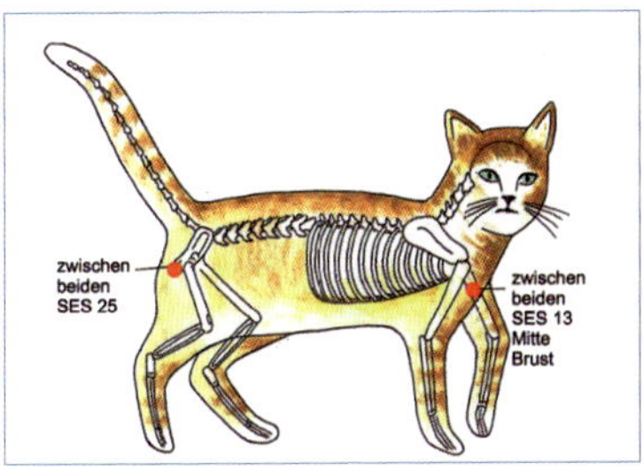

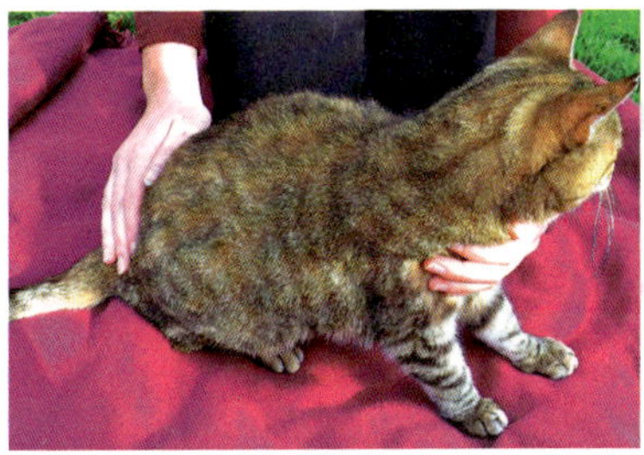

2. Schritt: Legen Sie die rechte Hand in die Mitte der **beiden SES 2,** an die obere Kante des Beckens.

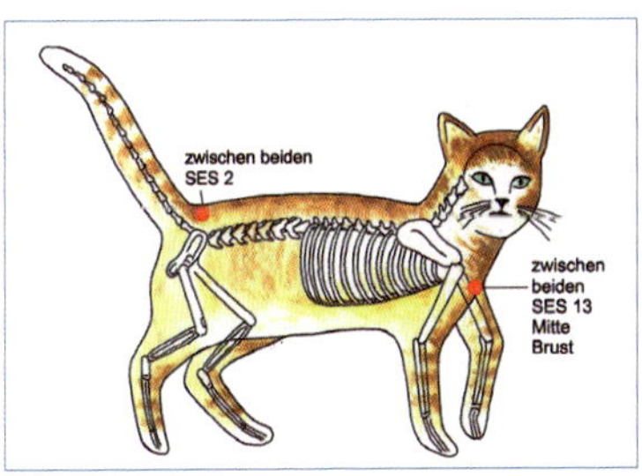

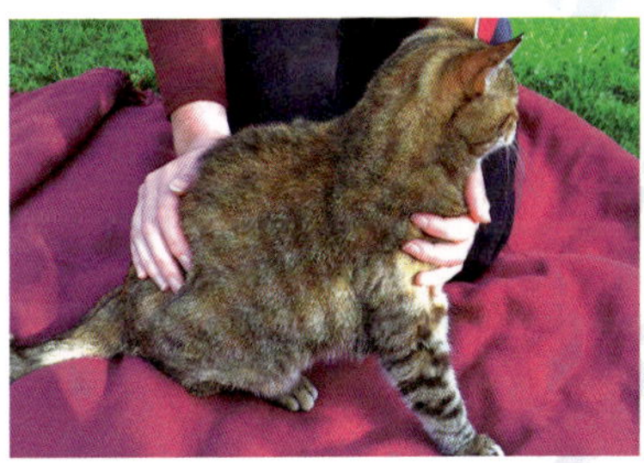

3. Schritt: Legen Sie die rechte Hand in die Mitte der **beiden SES 23,** also auf den Rücken in Höhe des letzten Rippenbogens.

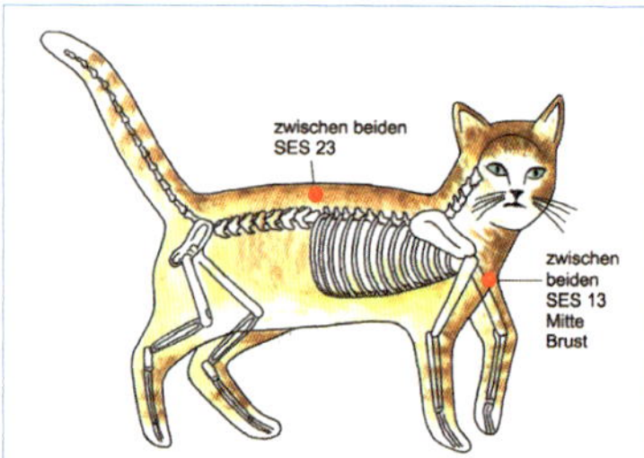

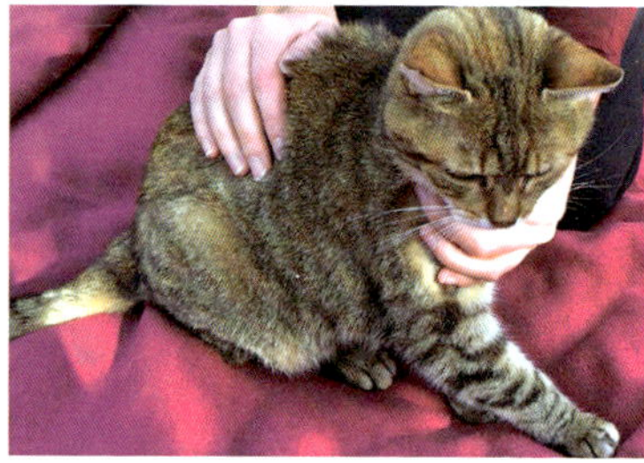

4. Schritt: Legen Sie die rechte Hand in die Mitte der **beiden SES 9, 10 und 3,** zwischen die Schulterblätter.

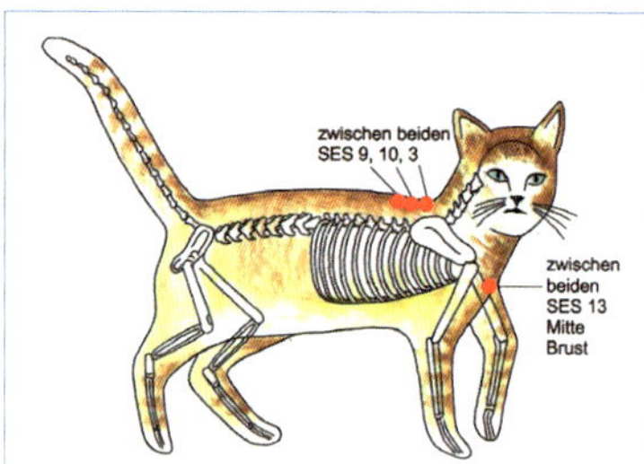

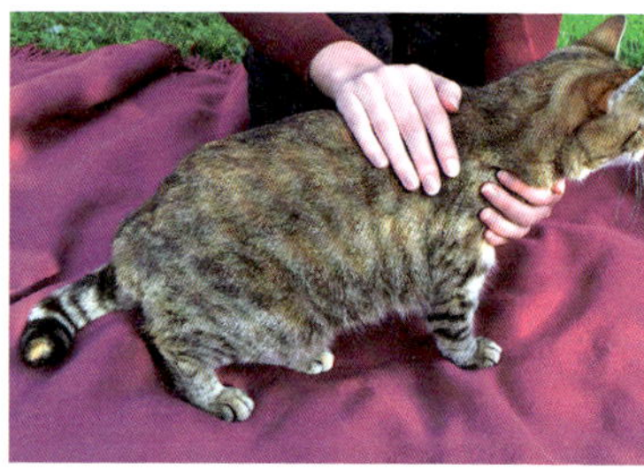

5. Schritt: Legen Sie die rechte Hand in die Mitte der **beiden SES 11,** ans untere Ende der Halswirbel.

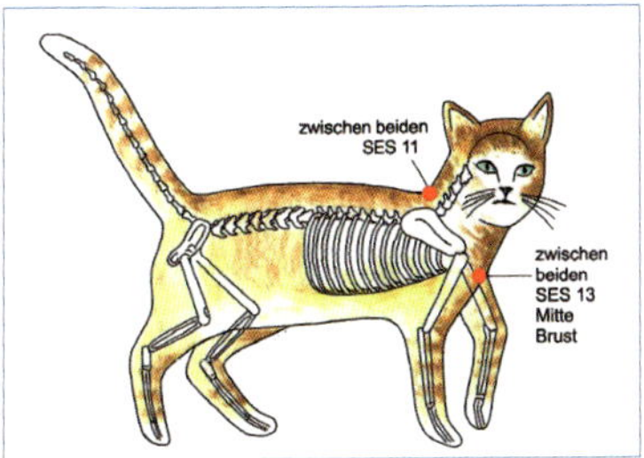

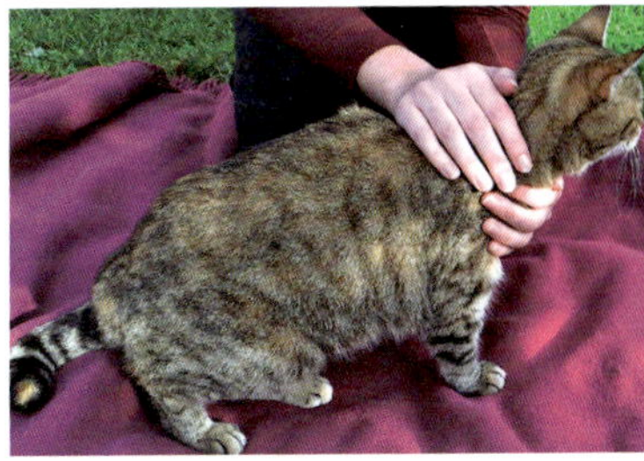

6. Schritt: Legen Sie die rechte Hand in die Mitte der **beiden SES 12** und **SES 4**, also in die Mitte des Nackens.

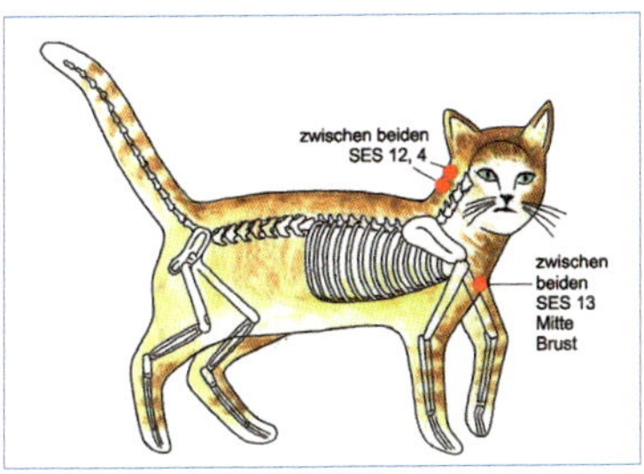

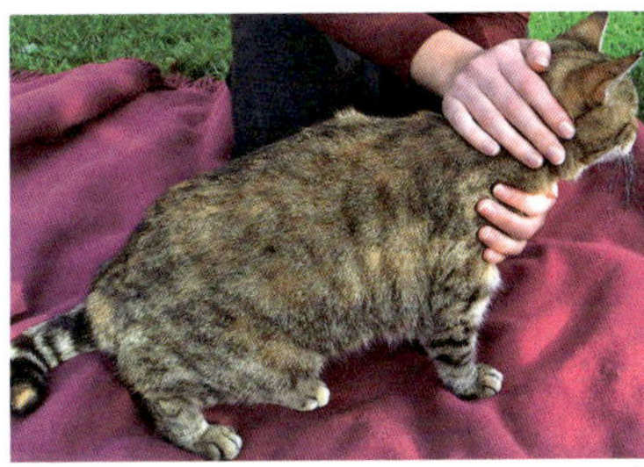

7. Schritt: Legen Sie die rechte Hand in die Mitte der **beiden SES 20**, in die Mitte der Stirn.

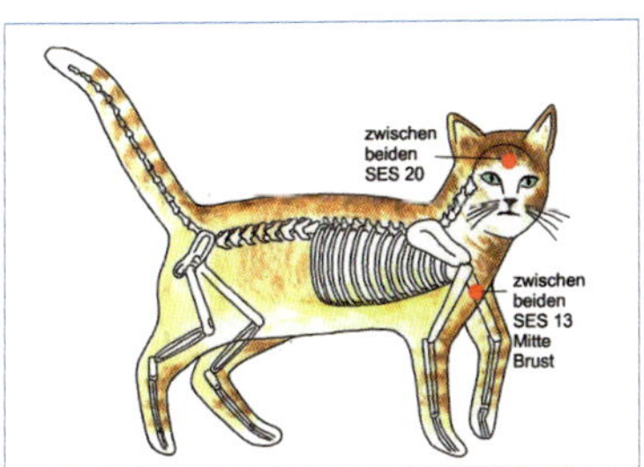

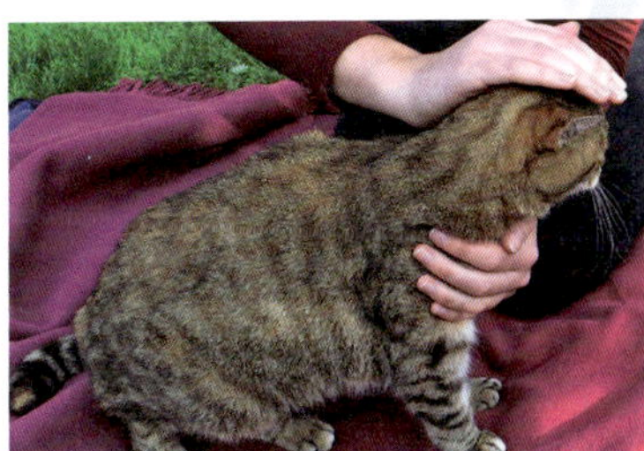

Der Zentralstrom ist sehr kraftvoll und bringt das ganze Wesen in Harmonie und ins Gleichgewicht, und er hilft dabei, voll und ganz zu regenerieren.

Der Zentralstrom

- entspannt Körper, Psyche und Nerven,
- bringt Körper, Geist und Seele neue Energie,
- unterstützt das Immunsystem,
- harmonisiert das Hormonsystem,
- belebt den Stoffwechsel,
- regt die Selbstheilungskräfte an,
- kann tiefe Traumata heilen,
- kann Ängste und Depressionen lösen,
- stärkt die Wirbelsäule,
- wirkt positiv auf das Nervensystem und das Herz-Kreislauf-System
- und harmonisiert von Kopf bis Fuß.

Die Betreuerströme

Ein weiterer Strom ist der Betreuerstrom. Er harmonisiert das ganze Wesen. Dabei handelt es sich genau genommen um zwei Ströme, die links und rechts symmetrisch auf beiden Seiten des Körpers verlaufen.
Ihr Name kommt von ihrer Aufgabe, beide Körperseiten zu betreuen, sie zu unterstützen – und damit auch alle SES, die auf diesen Strömen liegen. Die Betreuerströme wirken also, wie auch der Zentralstrom, sehr tief und umfassend.

Sie können die nachfolgend beschriebenen Griffe zur allgemeinen Harmonisierung und auch dann, wenn Sie nicht so recht wissen, was Sie strömen sollen, anwenden. Sie helfen immer und bei allem.

Anwendung für die linke Körperseite:

1. Schritt: Legen Sie eine Hand auf das **linke SES 11** (unteres Ende der Halswirbelsäule) und die andere Hand auf das **linke SES 25** (unter den Sitzbeinhöckern).

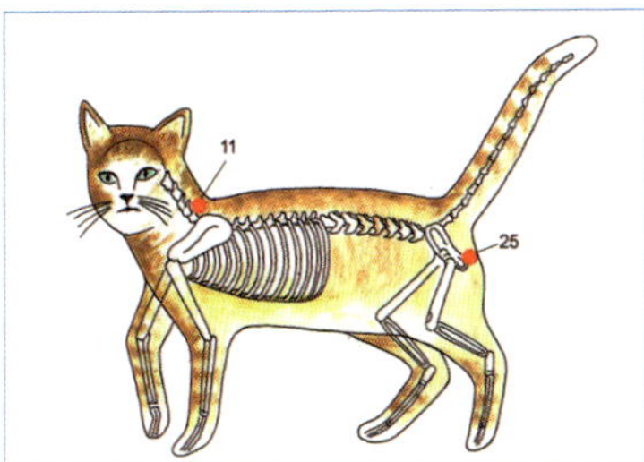

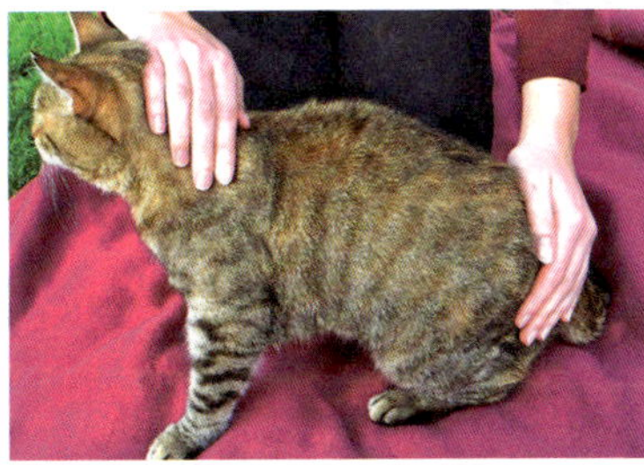

2. Schritt: Lassen Sie die eine Hand auf dem **linken SES 11,** und legen Sie die andere Hand auf das **linke SES 15** (in die Leiste).

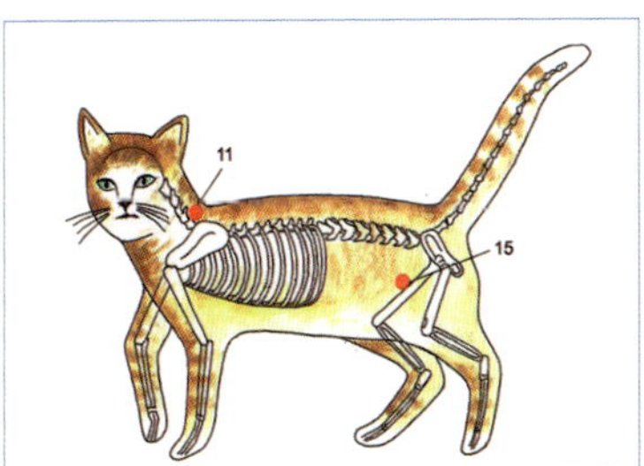

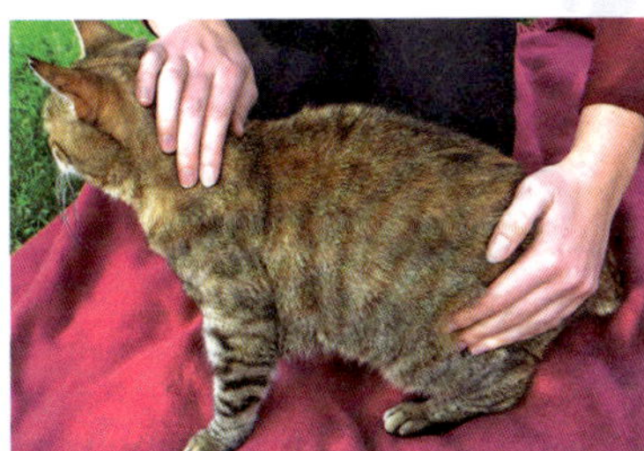

Für die rechte Körperseite machen Sie die Griffe umgekehrt:

1. Schritt: Legen Sie eine Hand auf das **rechte SES 11** und die andere Hand auf das **rechte SES 25.**

2. Schritt: Lassen Sie die eine Hand auf dem **rechten SES 11,** und legen Sie die andere Hand auf das **rechte SES 15.**

Die Betreuerströme

- kann man immer strömen,
- sie stärken das gesamte Energiesystem und harmonisieren das ganze Wesen,
- harmonisieren die Atmung,
- unterstützen die Verdauung,
- stärken die Wirbelsäule,
- fördern die Heilung bei Knochenbrüchen,
- helfen, Stress abzubauen,
- unterstützen und harmonisieren alle SES
- und sind sehr hilfreich in allen kritischen Situationen.

Drei weitere wichtige Ströme

31 Der Milzstrom

35 Der Magenstrom

40 Der Blasenstrom

Im Jin Shin Jyutsu gibt es drei weitere wichtige Ströme, die ebenfalls sehr kraftvoll und tief gehend wirken, und zwar die Organströme Milzstrom, Magenstrom und Blasenstrom.
Wenn ich hier von Organstrom spreche, geht es nicht nur um das Organ selbst, sondern auch um die Energiequalität, die mit diesem Organ verbunden ist, also die zugehörigen, über das Organ hinausgehenden körperlichen und psychischen Entsprechungen.
Sie können die Körperseite strömen, die besonders bedürftig ist, auf der das Symptom auftritt oder stärker ist. Oder Sie strömen nacheinander beide Körperseiten. Auch wenn Sie nur eine Körperseite strömen, wirkt dies auf die andere mit.

Der Milzstrom

Die Milz nennt man auch den »Ort des Lachens« und den Milzstrom die »persönliche Sonnenbank«. Der Milzstrom ist der wichtigste Strom für das Immunsystem. Er erneuert den ganzen Körper und versorgt alle Organe mit Energie. Er stärkt die Mitte und hilft, dem Leben zu vertrauen. Zudem öffnet er den Solarplexus und nährt alle anderen Ströme.

Der Milzstrom

- ist ein wichtiger Strom für Katzen, die viel Leid hinter sich haben,
- löst tiefe Ängste und bringt Urvertrauen,
- heilt Traumata,
- löst Stress und Nervosität,

- stärkt das Immunsystem,
- hilft bei Überempfindlichkeit und Schreckhaftigkeit,
- unterstützt die Haut,
- hilft bei Allergien,
- unterstützt die Blutbildung,
- stärkt das Bindegewebe,
- wirkt unterstützend bei Tumoren
- und unterstützt die Milz.

Anwendung für die linke Körperseite:

1. Schritt: Legen Sie die rechte Hand auf das **linke SES 5** (Innenseite des Hinterbeines am Sprunggelenk) und die linke Hand auf das **Steißbein** (unteres Ende Wirbelsäule).

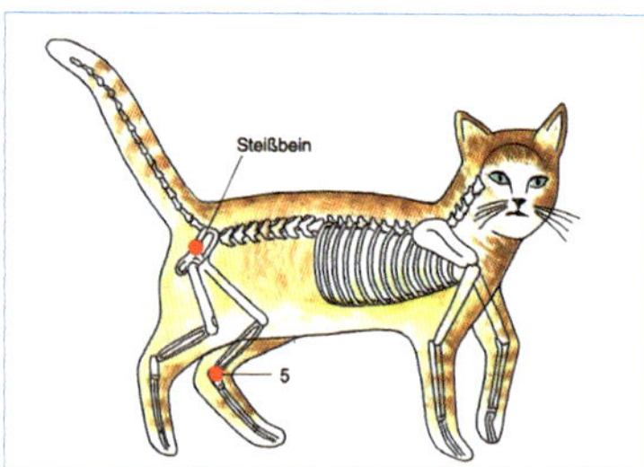

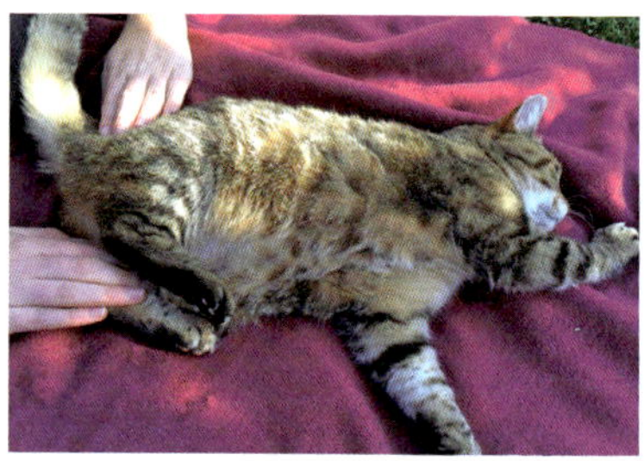

2. Schritt: Die linke Hand bleibt auf dem **Steißbein,** die rechte Hand geht zum **rechten SES 14** (unterhalb des letzten Rippenbogens).

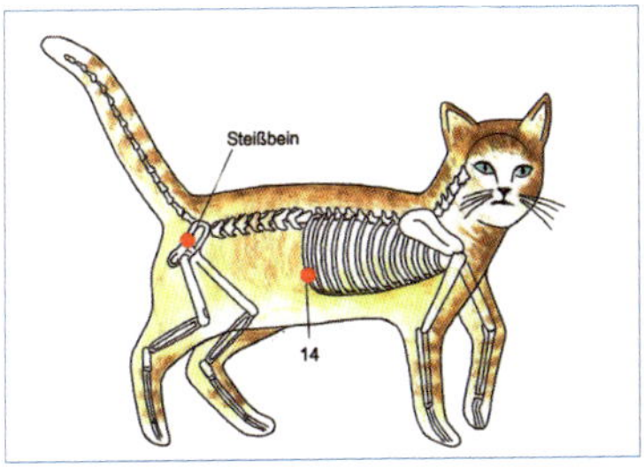

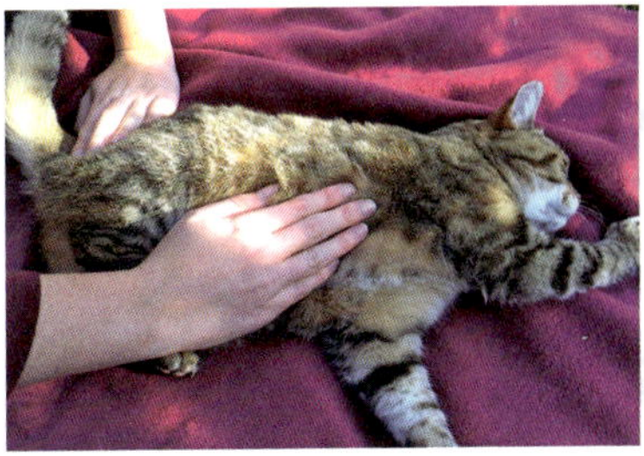

3. Schritt: Die rechte Hand bleibt auf dem **rechten SES 14,** die linke Hand geht auf das **linke SES 13** (auf die linke Körperseite des Brustkorbs etwas unterhalb der dritten Rippe).

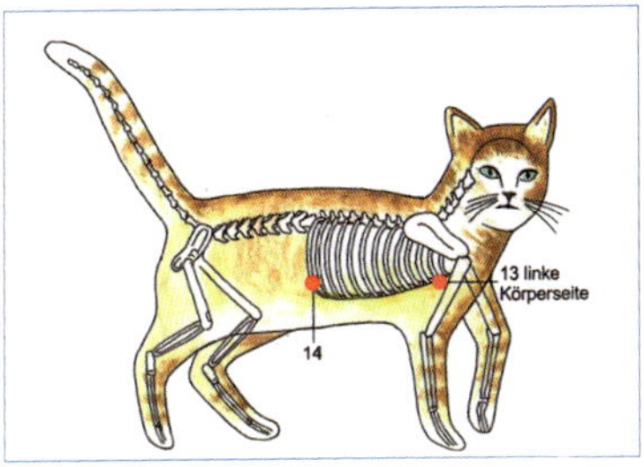

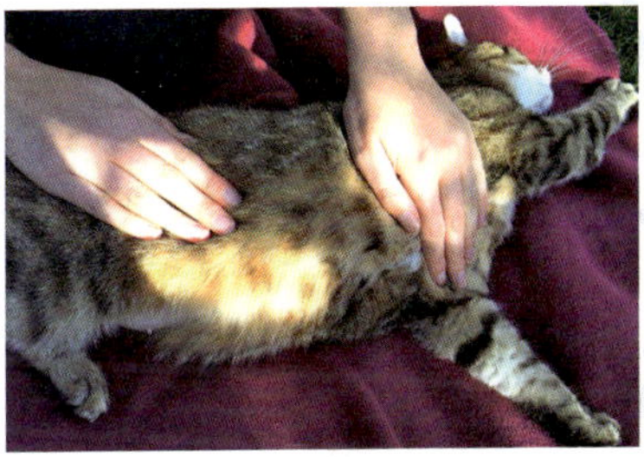

4. Schritt: Die rechte Hand bleibt auf dem **rechten SES 14,** während die linke Hand auf das **rechte SES 22** (unter das rechte Schlüsselbein) geht.

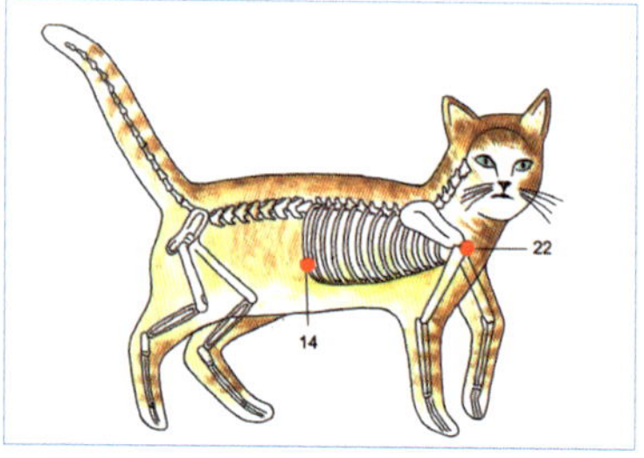

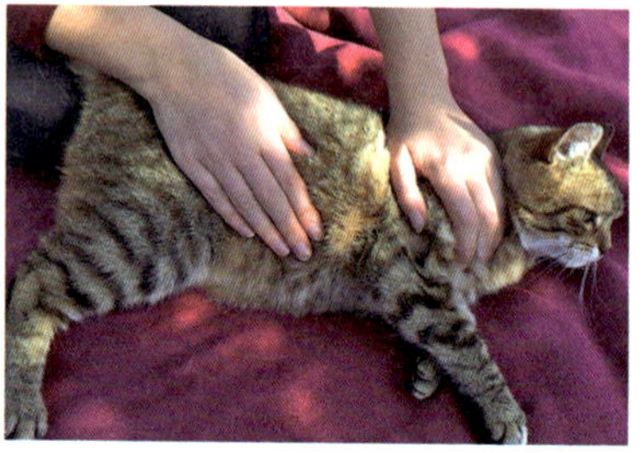

Für die rechte Körperseite machen Sie die Griffe umgekehrt:
1. Schritt: Legen Sie die linke Hand auf das **rechte SES 5** und die rechte Hand auf das **Steißbein.**

2. Schritt: Die rechte Hand bleibt auf dem **Steißbein,** und die linke Hand geht auf das **linke SES 14.**

3. Schritt: Die linke Hand bleibt auf dem **linken SES 14,** während die rechte Hand auf das **rechte SES 13** geht.

4. Schritt: Die linke Hand bleibt weiterhin auf dem **linken SES 14,** und die rechte Hand geht auf das **linke SES 22.**

Kurzgriff für den Milzstrom:
Erster Schritt des **Milzstromes** (S. 32).

Drei weitere wichtige Ströme

Der Magenstrom

Der Magenstrom fließt an der Körperunterseite vom Kopf bis in die Hinterpfoten. Er hält die Mitte offen, sodass die Energie frei hinunter- und wieder hinauffließen kann. Er klärt und harmonisiert von Kopf bis Fuß. Lassen Sie sich nicht von der Länge des Stromes abschrecken!

Der Magenstrom

- hilft bei Verdauungsproblemen,
- bei Bauchschmerzen und Koliken,
- harmonisiert Durchfall (linker Strom) und Verstopfung (rechter Strom),
- löst Blähungen,
- bringt Gewicht und Appetit ins Gleichgewicht,
- hilft bei allem, was mit Haut und Fell zu tun hat,
- und bei Allergien,
- ist wichtig für den Kopfbereich (Kiefer, Lippen, Zähne, Zahnfleisch, Nase, Nebenhöhlen, Ohren),
- reduziert starken Speichelfluss,
- harmonisiert den Hormonhaushalt,
- reguliert den Muskeltonus,
- wirkt harmonisierend bei Diabetes,
- unterstützt die Nieren
- und hilft bei Nervosität und »Ticks«.

Anwendung für die linke Körperseite:

1. Schritt: Legen Sie die linke Hand auf das **linke SES 21** (am unteren Rand des Jochbeinknochens etwas oberhalb der Nase) oder alternativ, wenn die Katze nicht so gern im Gesicht berührt werden will, auf das **linke SES 12** (seitlich am Hals in der Mitte der Halswirbelsäule). Diese Hand bleibt während des ganzen Stromes dort liegen. Die rechte Hand geht auf das **linke SES 22** (unter das linke Schlüsselbein). Auf den Fotos wird das SES 12 geströmt.

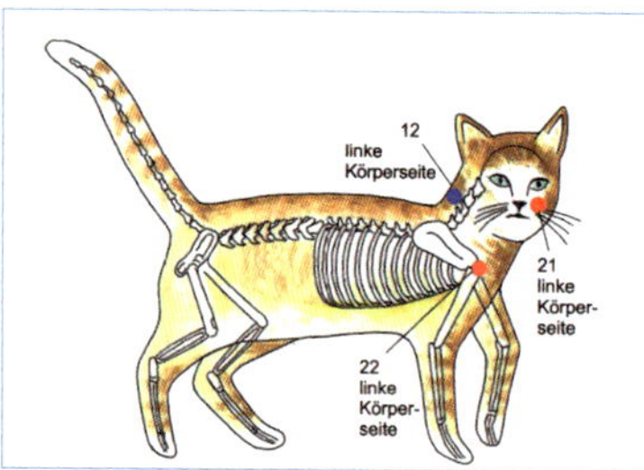

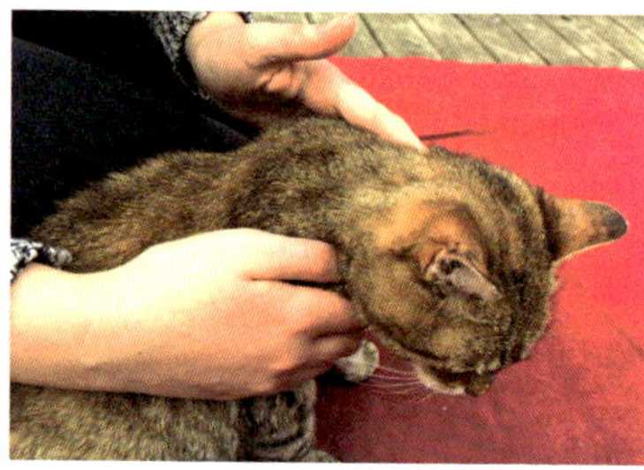

2. Schritt: Die rechte Hand geht auf das **rechte SES 14** (seitlich unterhalb des rechten letzten Rippenbogens).

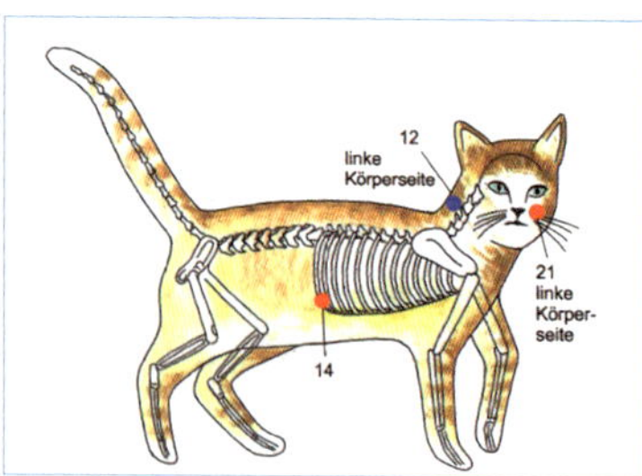

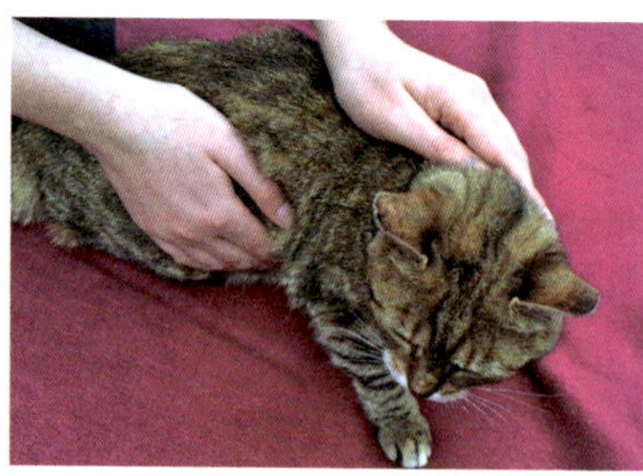

3. Schritt: Nun geht die rechte Hand auf das **rechte SES 23** (zwischen dem letzten Rippenbogen und der Wirbelsäule).

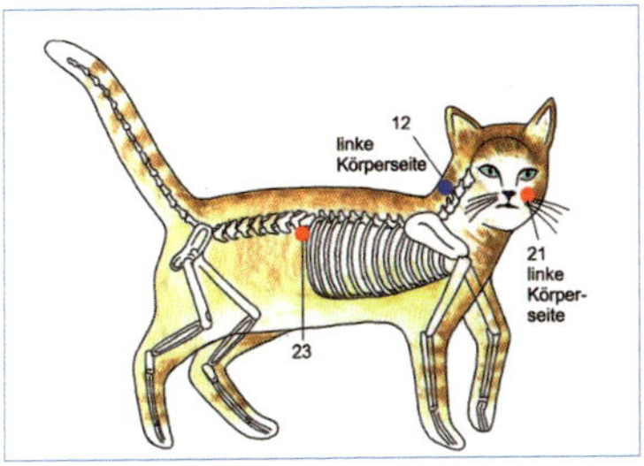

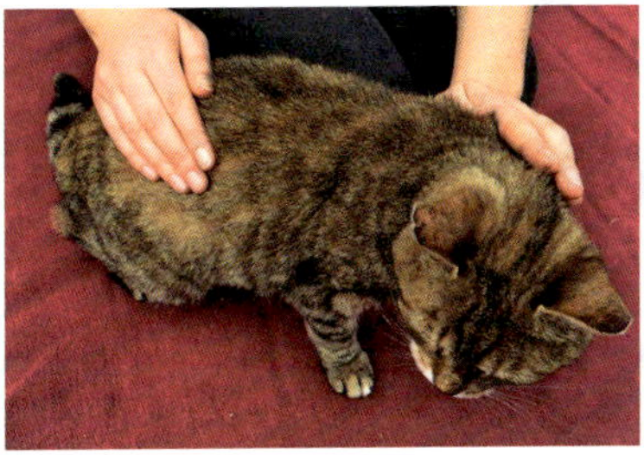

4. Schritt: Legen Sie die rechte Hand auf das **linke SES 14** (seitlich unterhalb des letzten Rippenbogens).

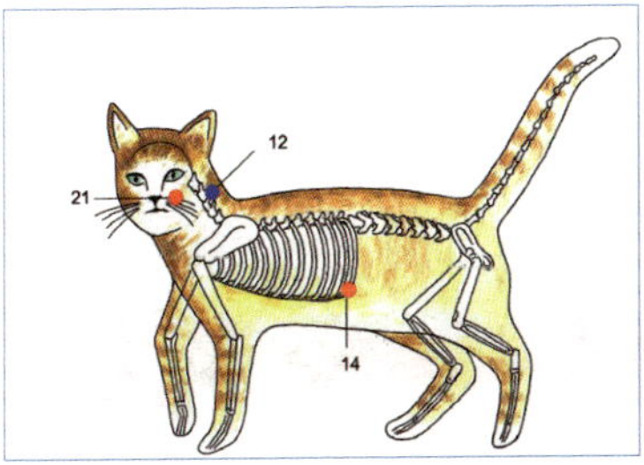

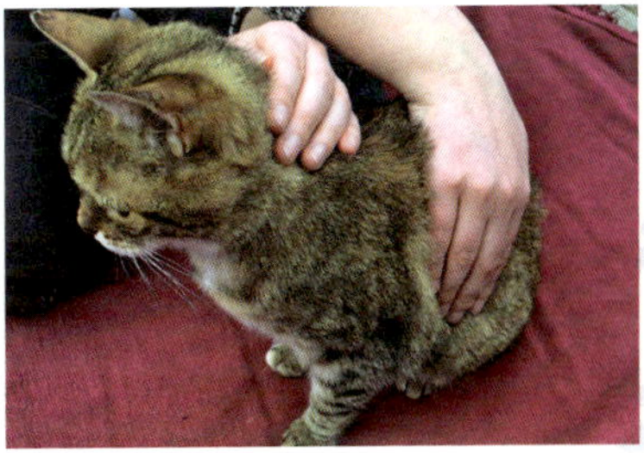

5. Schritt: Legen Sie die rechte Hand auf das **rechte hohe SES 1** (Innenseite Hinterbein etwas oberhalb des Kniegelenkes).

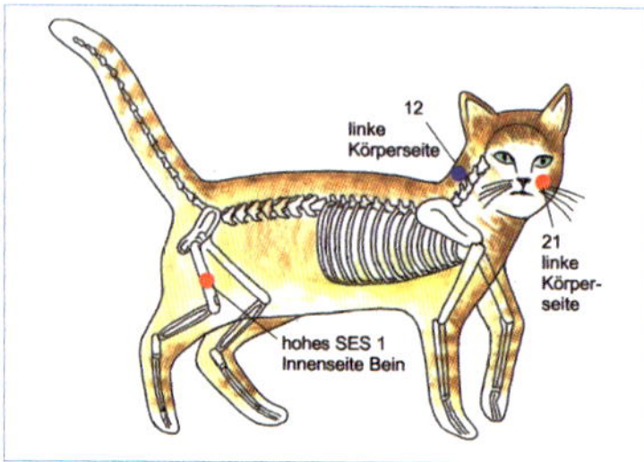

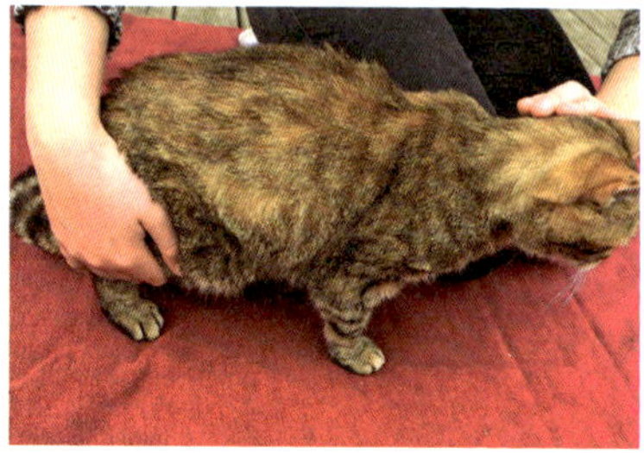

6. Schritt: Legen Sie die rechte Hand auf das **rechte tiefe SES 8** (Außenseite Hinterbein etwas unterhalb des Kniegelenkes).

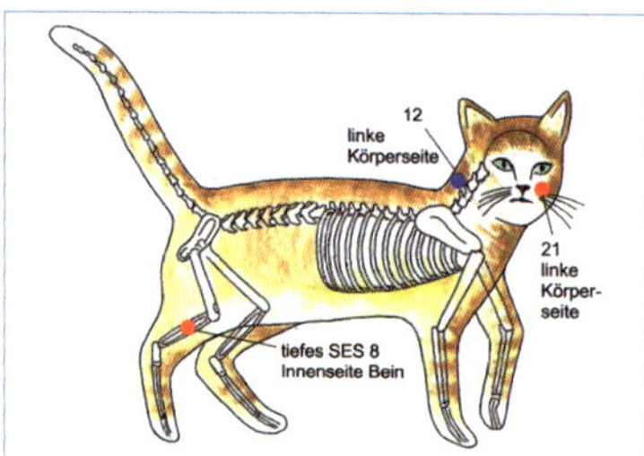

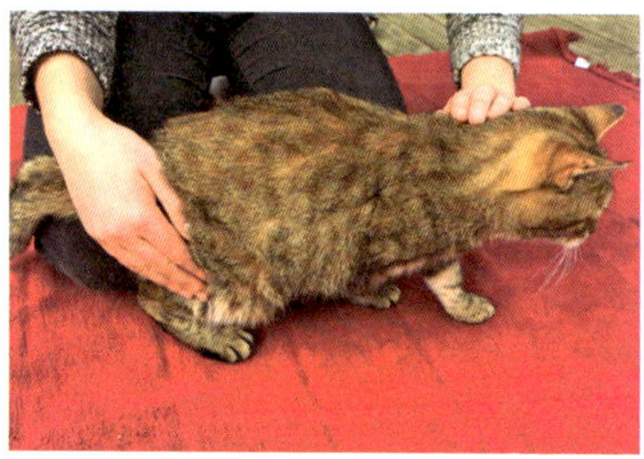

7. Schritt: Halten Sie nun mit der rechten Hand die **rechte Hinterpfote.**

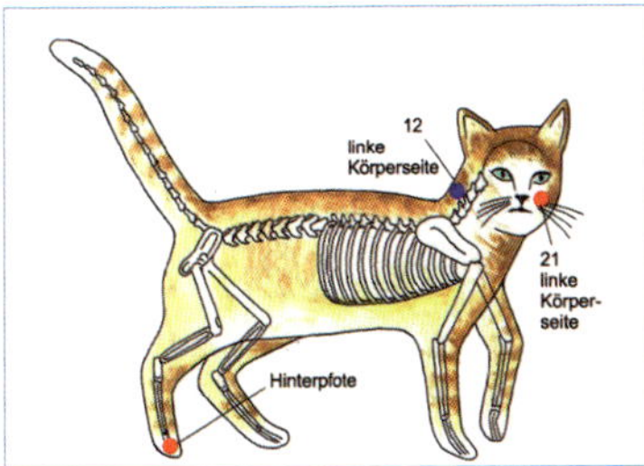

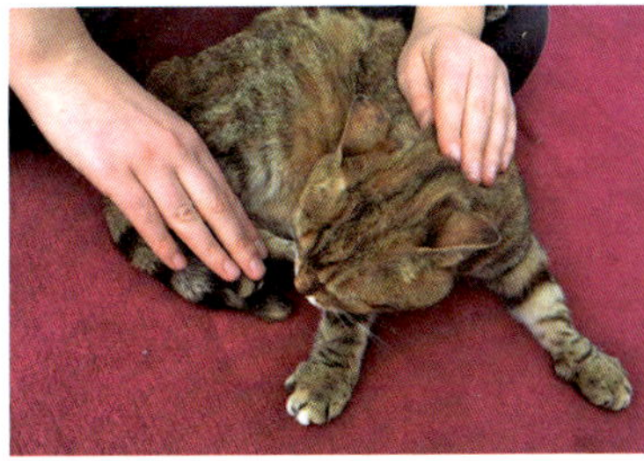

Für die rechte Körperseite machen Sie die Griffe umgekehrt:

1. Schritt: Legen Sie die rechte Hand auf das **rechte SES 21** oder alternativ auf das **rechte SES 12,** wo sie während des ganzen Stromes bleibt. Die linke Hand geht auf das **rechte SES 22.**

2. Schritt: Die linke Hand geht auf das **linke SES 14.**

3. Schritt: Nun geht die linke Hand auf das **linke SES 23.**

4. Schritt: Legen Sie die linke Hand auf das **rechte SES 14.**

5. Schritt: Legen Sie die linke Hand auf das **linke hohe SES 1.**

6. Schritt: Legen Sie die linke Hand auf das **linke tiefe SES 8.**

7. Schritt: Halten Sie mit der linken Hand die **linke Hinterpfote.**

Kurzgriff für den Magenstrom:
Legen Sie eine Hand auf das **SES 22**, die andere Hand auf das **SES 14.**

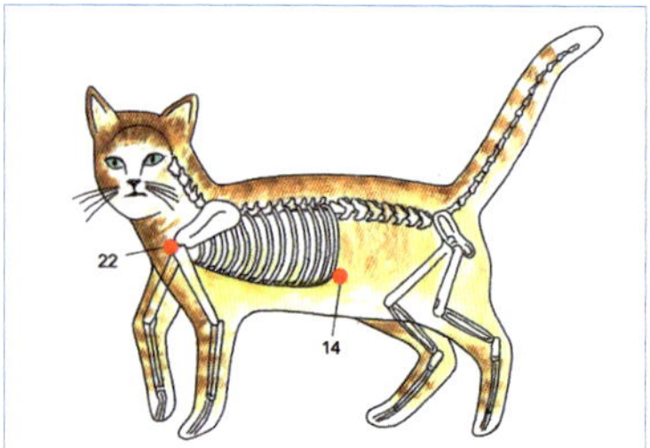

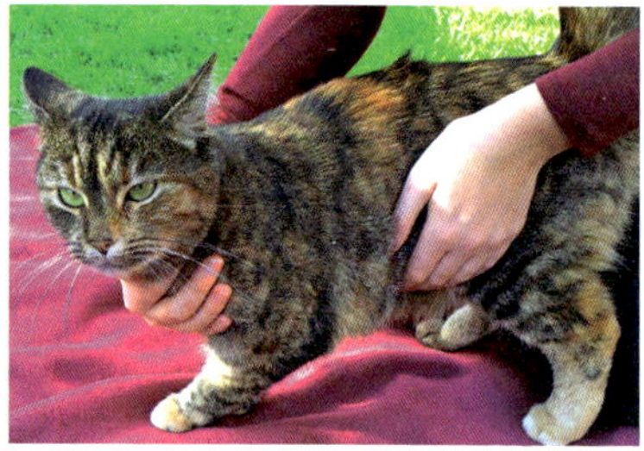

Der Blasenstrom

Der Blasenstrom ist ein sehr einfacher Strom. Alle Griffe sind auf derselben Körperseite und gut zu erreichen.

Der Blasenstrom

- wirkt ausgleichend und harmonisierend,
- ist sehr hilfreich für Katzen, die aus dem Tierheim kommen,
- gibt tiefe innere Sicherheit und Gelassenheit,
- bringt Ruhe und Ausgeglichenheit,
- harmonisiert Neid und Eifersucht,
- unterstützt die Blase, kann also bei allen Blasenproblemen geströmt werden,
- hilft dem Rücken,

- harmonisiert die Muskeln (Muskelkater, -schwäche, -verspannungen, -aufbau),
- unterstützt bei Herzmuskelschwäche,
- hilft bei Ödemen,
- nimmt den Schmerz aus dem Körper,
- hilft Knien und Waden,
- unterstützt die Entgiftung und Ausscheidung,
- harmonisiert Durchfall und Verstopfung,
- hilft bei rheumatischen Erkrankungen,
- ist hilfreich vor und nach einer Kastration,
- harmonisiert Ängste und stärkt Vertrauen.

Anwendung für die linke Körperseite:

1. Schritt: Legen Sie die linke Hand auf das **linke SES 12** (seitlich neben die Wirbelsäule in der Mitte des Halses). Die linke Hand bleibt während des ganzen Stromes da liegen. Legen Sie die rechte Hand auf das **Steißbein** (unteres Ende der Wirbelsäule).

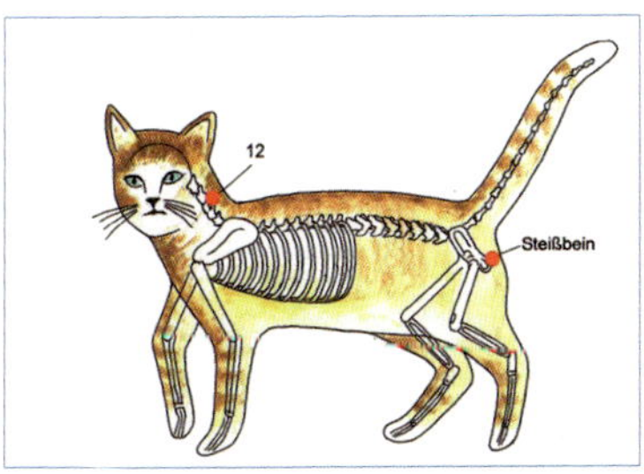

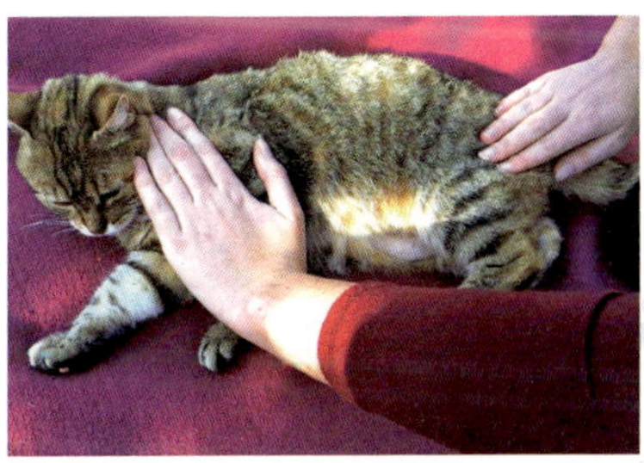

2. Schritt: Legen Sie rechte Hand auf das **linke SES 8** (Außenseite des Hinterbeines am Kniegelenk).

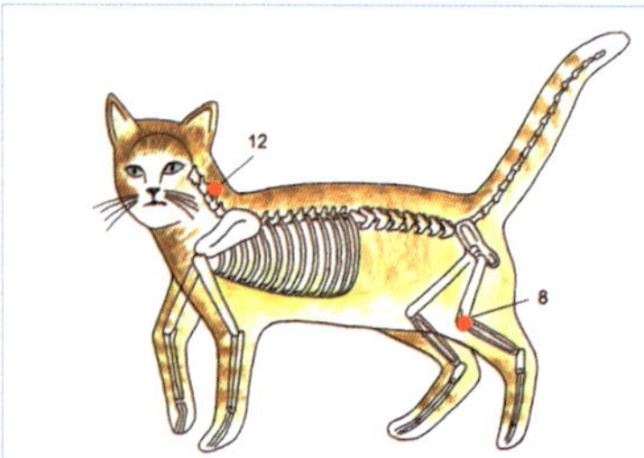

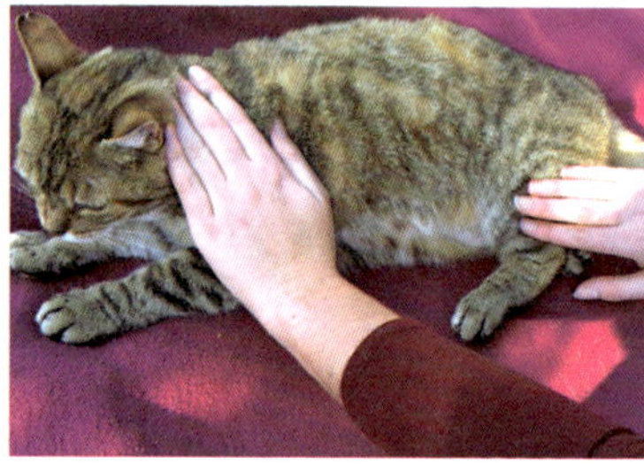

3. Schritt: Legen Sie die rechte Hand auf das **linke SES 16** (an der Außenseite des Sprunggelenkes).

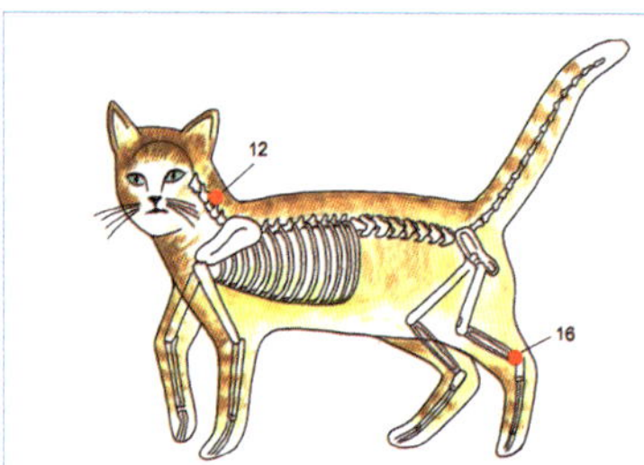

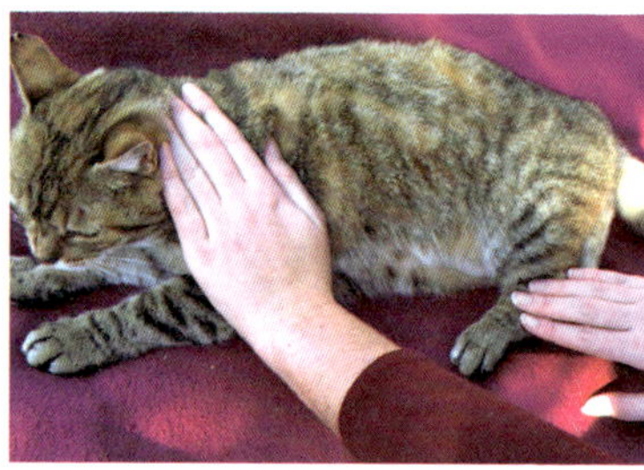

4. Schritt: Halten Sie mit der rechten Hand die **linke Hinterpfote.**

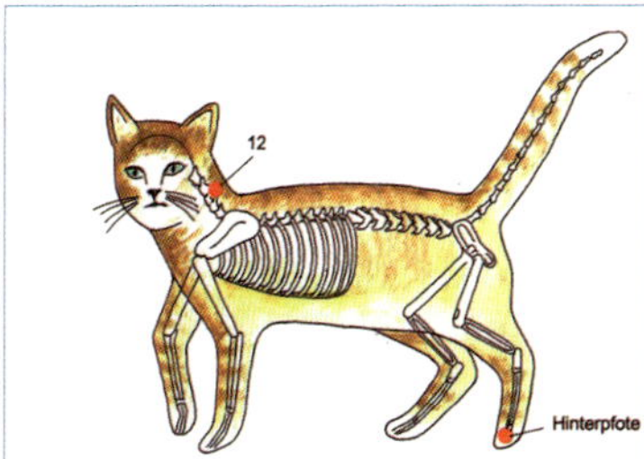

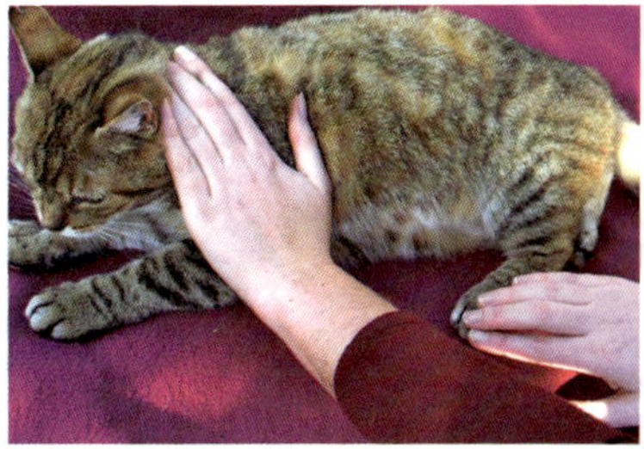

Und umgekehrt für die rechte Körperseite:

1. Schritt: Legen Sie die rechte Hand auf das **rechte SES 12.** Sie bleibt während des ganzen Stromes da liegen. Legen Sie die linke Hand auf das **Steißbein.**

2. Schritt: Legen Sie linke Hand auf das **rechte SES 8.**

3. Schritt: Legen Sie die linke Hand auf das **rechte SES 16.**

4. Schritt: Halten Sie mit der linken Hand die **rechte Hinterpfote.**

Kurzgriffe für den Blasenstrom:

Legen Sie eine Hand auf das **SES 12** und die andere Hand auf das **SES 23.**

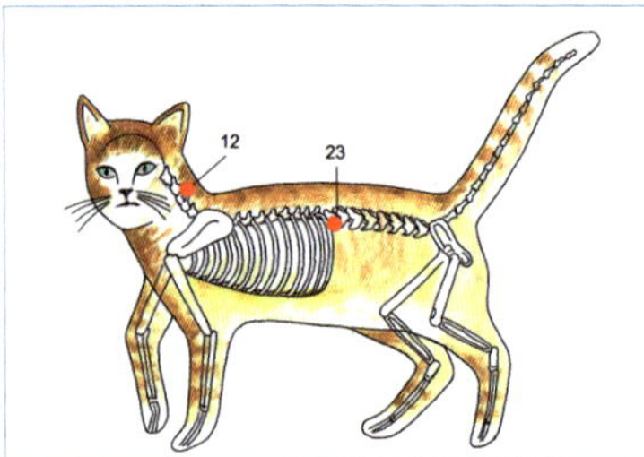

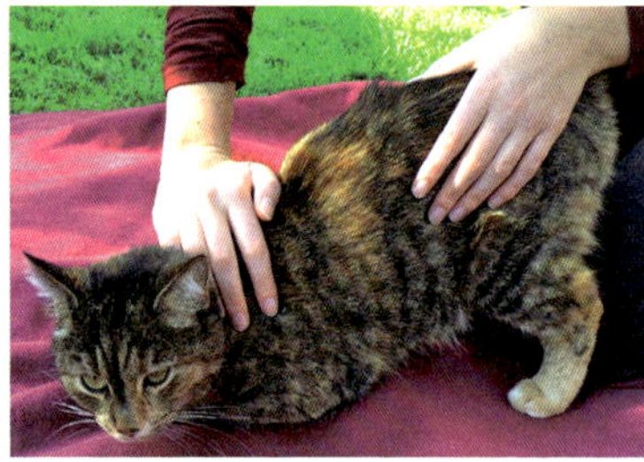

Oder legen Sie eine Hand auf das **SES 23** und die andere Hand auf das **SES 25.**

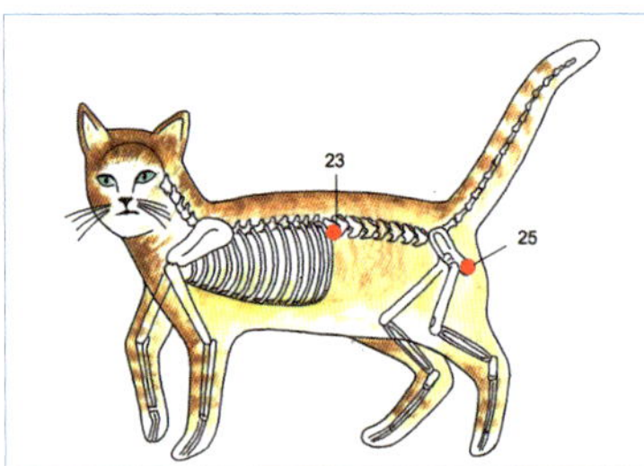

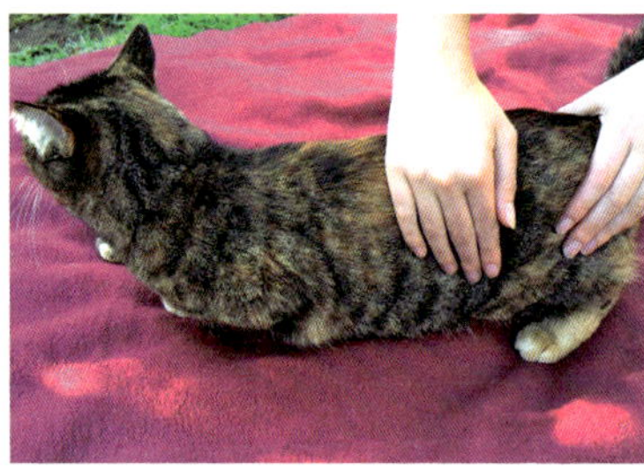

Kopfbereich

47 Augen

47 Bindehautentzündung
48 Fremdkörper im Auge
49 Verklebung des Tränenkanals
49 Verbesserung der Sehfähigkeit

50 Ohren

50 Gehör
50 Ohrenentzündung
52 Ohrmilben
53 Ohrrandgeschwüre
53 Blutohr

54 Maul und Zähne

54 Zahnfleischprobleme
54 Maulschleimhautentzündung
55 Maulgeruch
56 Geschwüre und Wucherungen

Augen

Ein guter Griff bei allen Augenproblemen (Entzündungen, Gerstenkorn, Fehlsichtigkeit etc.) und zur grundsätzlichen Stärkung der Augen ist folgender: Legen Sie eine Hand auf die Stirn etwas oberhalb des betroffenen Auges **(SES 20)** und die andere Hand auf der anderen Körperseite in den Nacken direkt unterhalb des Schädelknochens **(SES 4)**.

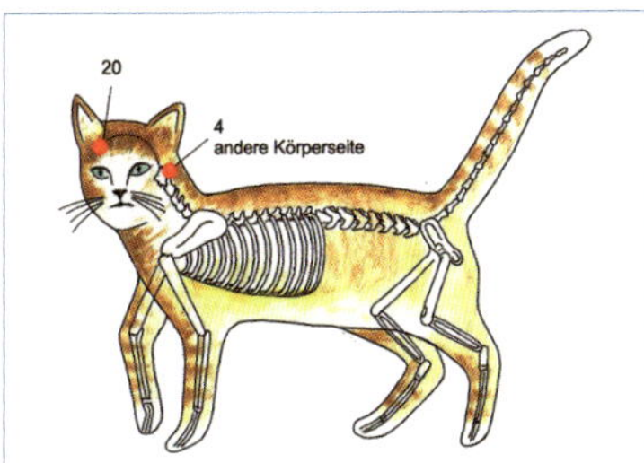

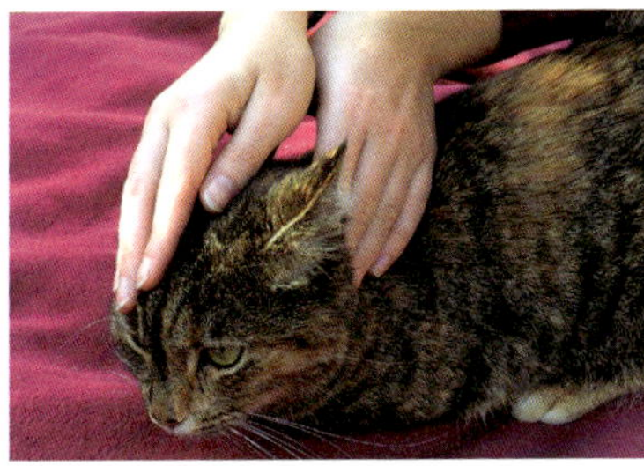

Bindehautentzündung

Die Lidbindehaut umschließt schützend das Auge. Sie ist sehr zart und, wenn sie gesund ist, nicht sichtbar. Durch Staub und Gräserpollen, aber auch durch starke Zugluft kann diese Schleimhaut geschädigt werden, Bakterien können sich entwickeln, und es entsteht eine Entzündung. Auch Fremdkörper können die Ursache einer Bindehautentzündung sein – vor allem, wenn diese einseitig ist. Eine Entzündung kann ebenfalls mit Atemwegsinfekten, ausgelöst durch Viren oder Bakterien, einhergehen.

Legen Sie eine Hand in den Nacken (auf **beide SES 4**) und die andere Hand auf das Brustbein (zwischen **beide SES 13**), oder machen Sie den allgemeinen Strömgriff für die Augen (S. 47).

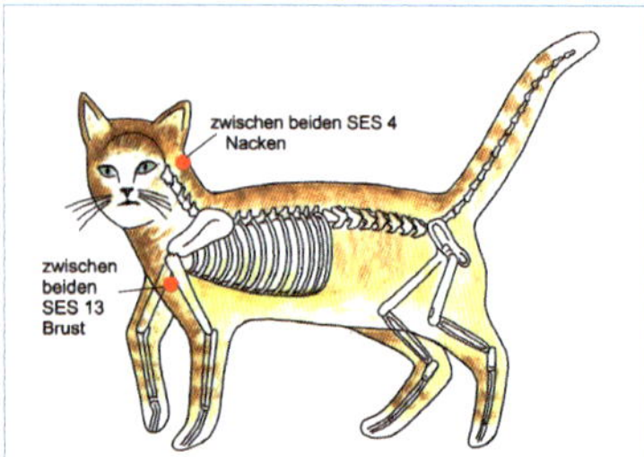

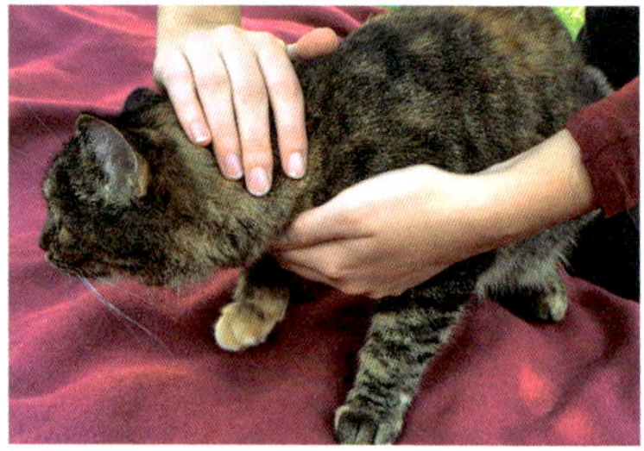

Oder legen Sie eine Hand auf das **SES 4** auf der Seite des betroffenen Auges und die andere Hand auf das **SES 22** (unterhalb des Schlüsselbeines) auf der anderen Körperseite.

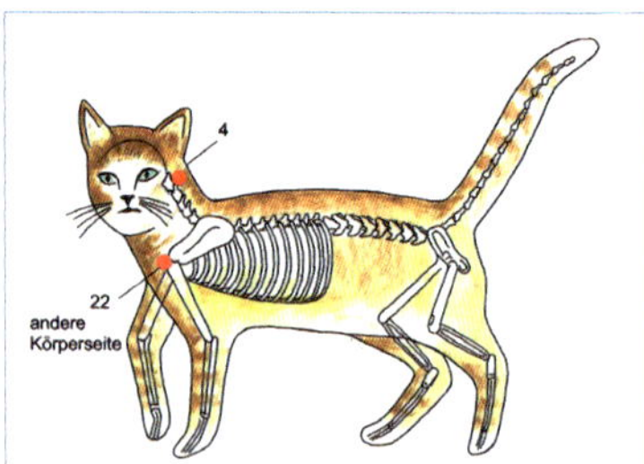

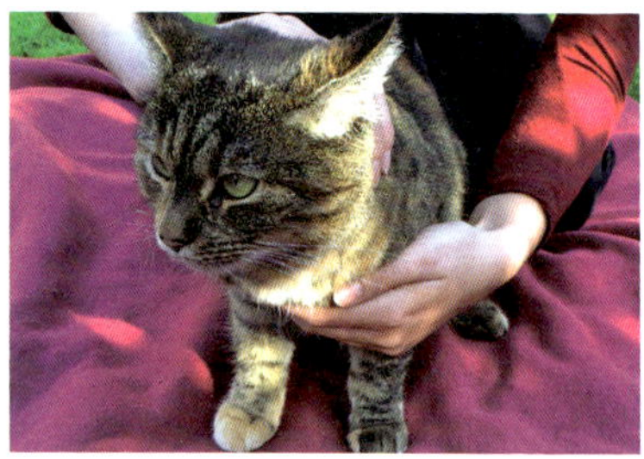

Fremdkörper im Auge

Legen Sie die linke Hand leicht auf oder etwas über das **betroffene Auge** und die rechte Hand auf Ihre **linke Hand.** Oder halten Sie **beide SES 1** (Innenseite Knie Hinterbeine).

Kopfbereich

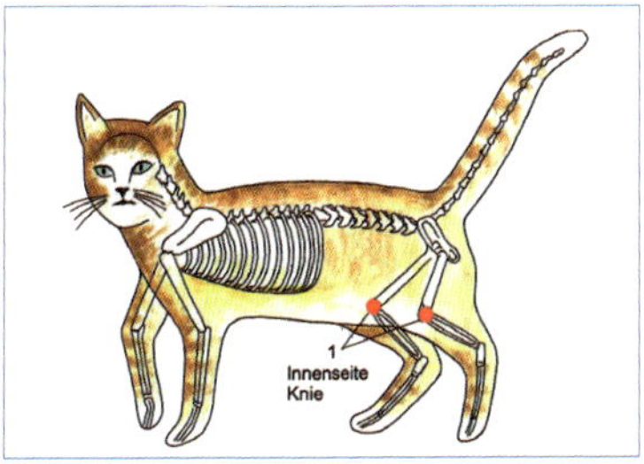

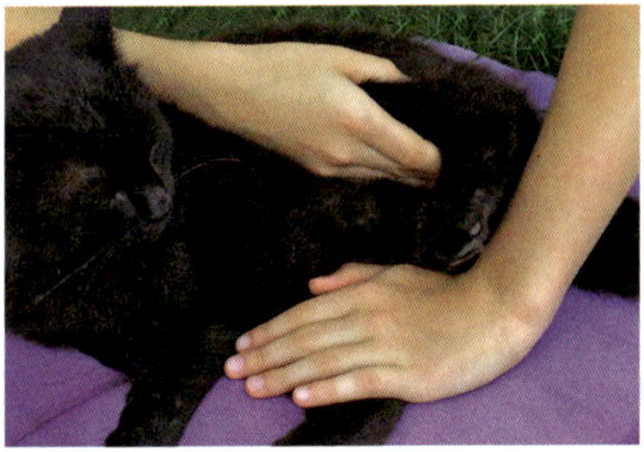

Verklebung des Tränenkanals

Länger andauernder einseitig oder beidseitig auftretender Tränenfluss kann, sofern am äußeren Auge keine Veränderung ersichtlich ist, auf eine Verklebung des Tränenkanals zurückzuführen sein. Um den Tränenkanal wieder zu öffnen, legen Sie eine Hand in den Nacken zwischen **beide SES 12** und die andere Hand auf das **Steißbein.**

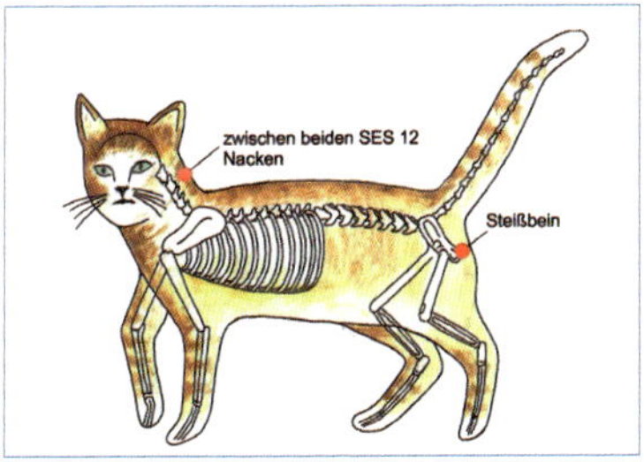

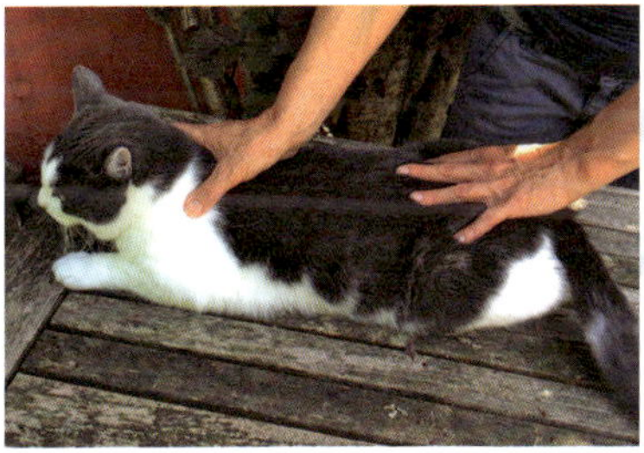

Verbesserung der Sehfähigkeit

Siehe »Bindehautentzündung« (S. 48).

Ohren

Gehör

Bei Beeinträchtigung des Gehörs legen Sie eine Hand in den Nacken (auf **beide SES 12**) und die andere Hand auf das **Steißbein** (S. 49).
Oder halten Sie **beide SES 5** (Innenseite Knöchel Hinterpfoten).

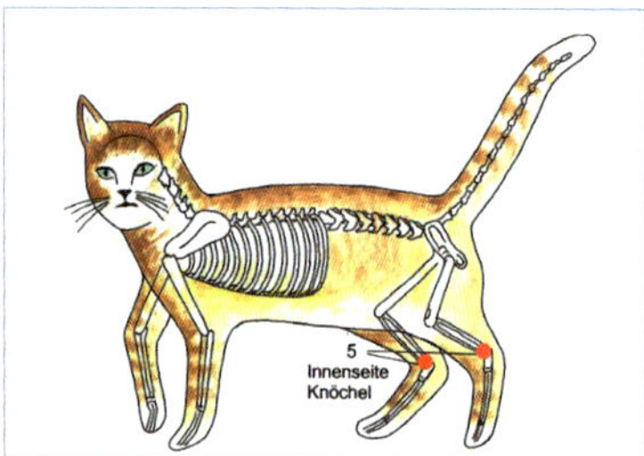

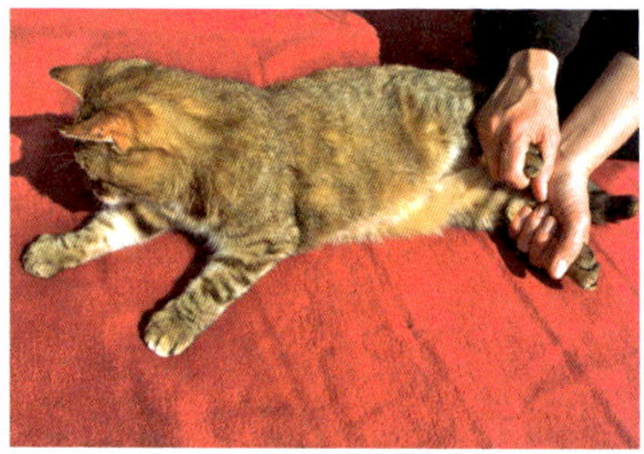

Ohrenentzündung

Bei Ohrenentzündungen können Sie die Schmerzen lindern, indem Sie den Innen- und Außenknöchel der Hinterpfoten (**SES 5** und **SES 16**) halten. Dabei können Sie entweder erst eine Körperseite strömen und dann die andere, oder Sie strömen beide Seiten zusammen, indem Sie mit jeder Hand jeweils das **SES 5** und das **SES 16** halten.

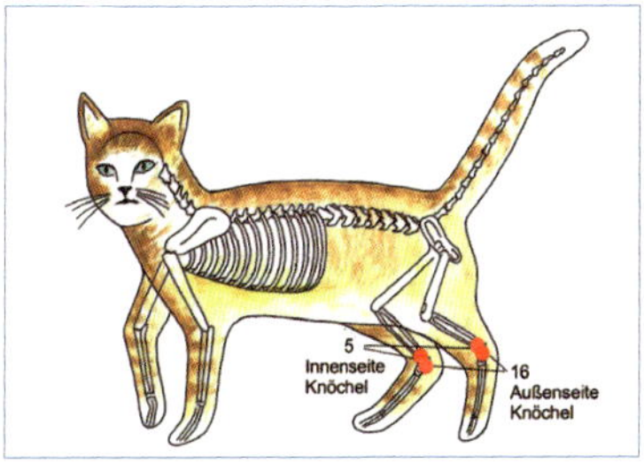

Legen Sie eine Hand auf das **SES 13** und die andere Hand auf das **SES 25** auf der Körperseite des betroffenen Ohres.

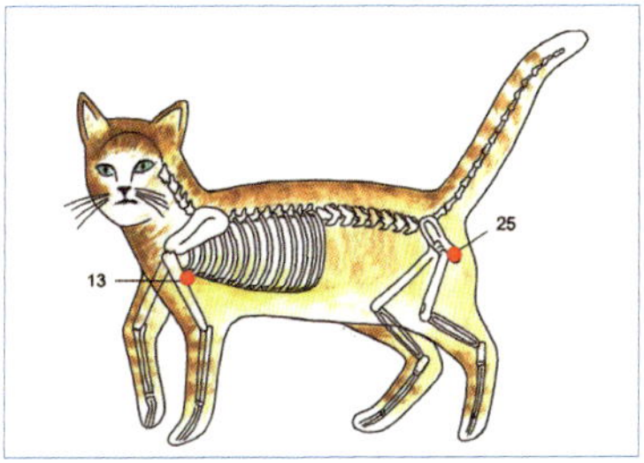

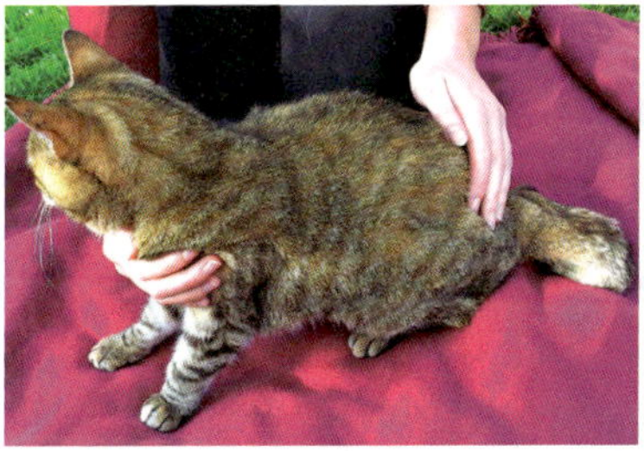

Oder legen Sie eine Hand auf das **SES 13,** die andere Hand auf das **SES 11.**

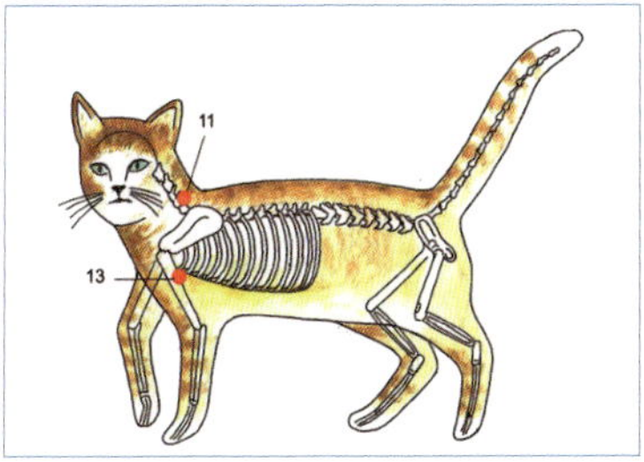

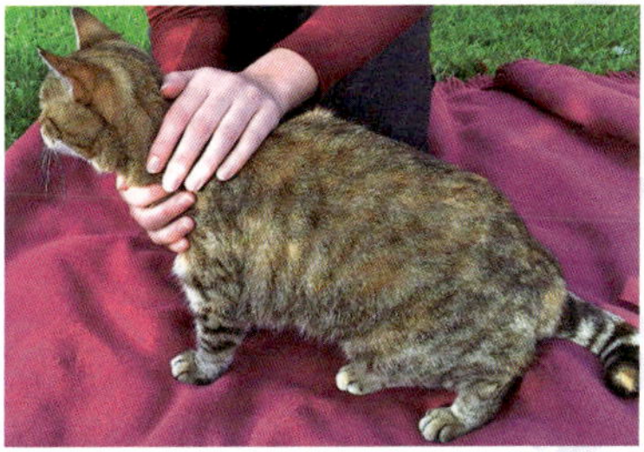

Legen Sie die linke Hand auf oder leicht über das **betroffene Ohr** und die rechte Hand auf die **linke Hand.**

Ohrmilben

Hat Ihre Katze immer wieder Ohrmilben, wenden Sie den Parasitengriff an: Halten Sie **beide SES 19** (in der Ellenbeuge), oder legen Sie eine Hand auf das **SES 19** auf der Körperseite des betroffenen Ohres, die andere Hand auf das **SES 1** der anderen Körperseite.

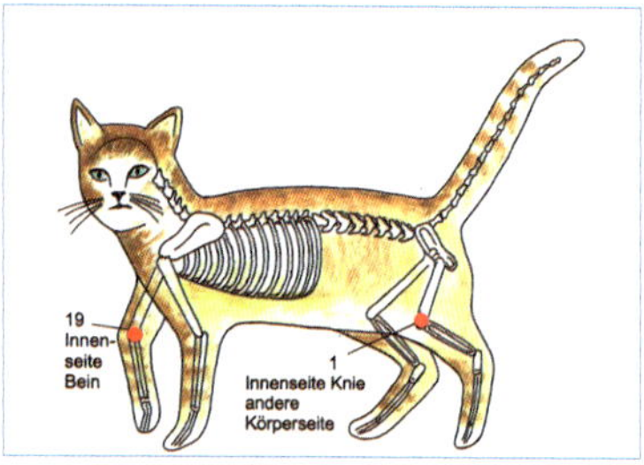

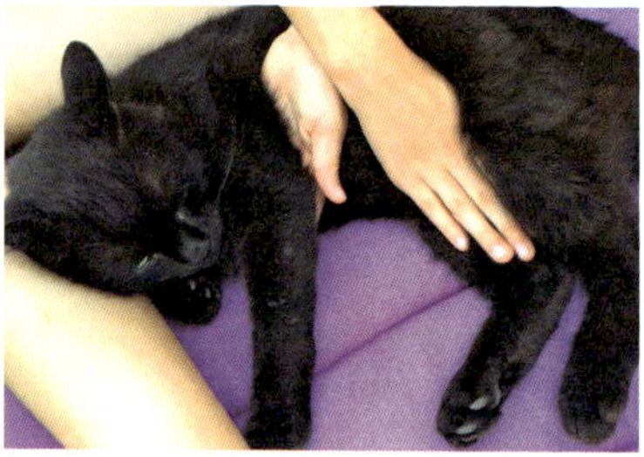

Kopfbereich

Ohrrandgeschwüre

Ohrrandgeschwüre werden oft durch Pilze ausgelöst, aber auch durch eine Gehörgangsentzündung oder Kratzwunden. Praktizieren Sie regelmäßig den **Milzstrom** (S. 32). Er ist ein guter Unterstützer für die Haut, wird bei allen Pilzerkrankungen angewandt und stärkt das Immunsystem.

Blutohr

Als Blutohr wird ein Bluterguss zwischen Haut und Ohrknorpel bezeichnet. Ursache dafür ist eine Verletzung des Ohrrandes, z. B. durch eine Rauferei. Die betroffene Ohrmuschel ist warm, man kann eine Schwellung erkennen. Für die Katze ist dies meist nicht allzu schmerzhaft, dennoch sollte man schauen, dass der Bluterguss bald wieder abklingt. Das können Sie unterstützen, indem Sie die rechte Hand auf die **betroffene Stelle** legen und die linke Hand auf Ihre **rechte Hand.**

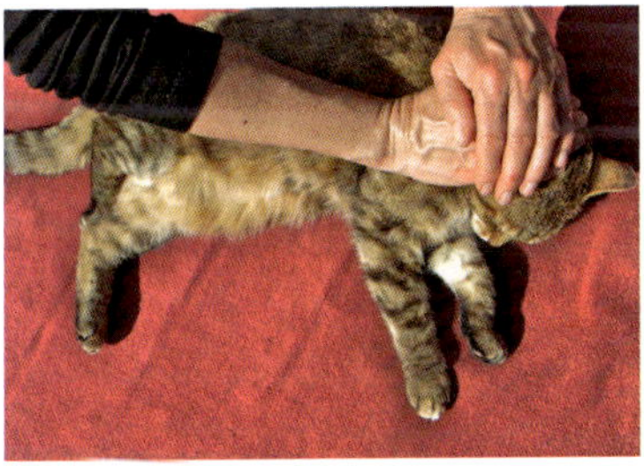

Maul und Zähne

Für alles, was mit dem Maul und den Zähnen zu tun hat, können Sie den **Magenstrom** (S. 36) oder den Kurzgriff dazu anwenden.

Zahnfleischprobleme

Bei entzündetem Zahnfleisch oder zur Stärkung des Zahnfleisches halten Sie mit einer Hand das **SES 5** und das **SES 16** und legen die andere Hand auf die **Wade.**

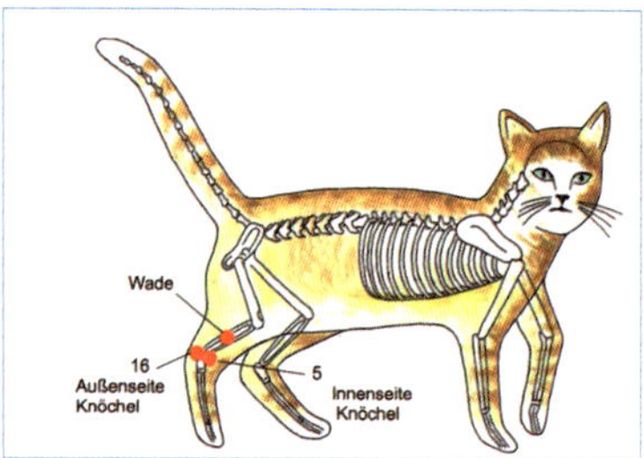

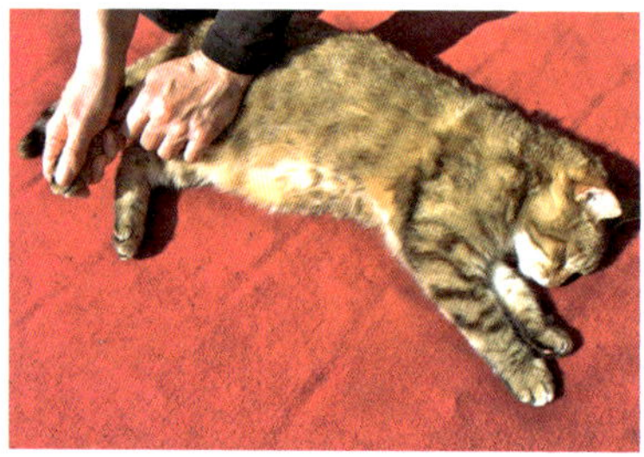

Oder machen Sie den ersten Griff vom **Magenstrom** (S. 36).

Maulschleimhautentzündung

Oft treten Zahnfleisch- und Maulschleimhautentzündungen zusammen auf, bzw. spricht man von einer Maulschleimhautentzündung, wenn sich die Zahnfleischentzündung weiter ausbreitet. Auslöser sind häufig Fremdkörper (Fischgräten, Knochensplitter etc.), das Abschlecken scharfer Stoffe, z. B. Gewürze, und das Fressen von Gräsern, die von Schimmelpilzen befallen sind. Wenden Sie die unter »Zahnfleischprobleme« (S. 54) beschriebenen Griffe an, und strömen Sie zusätzlich den **Milzstrom** (S. 32).

Maulgeruch

Wenn Ihre Katze unangenehm aus dem Maul riecht, kann das unterschiedliche Ursachen haben, z. B. die Art des Futters, Magen- oder Zahnprobleme, Zahnfleisch- oder Mundschleimhautentzündungen oder auch eine Stoffwechselerkrankung. Hier eignet sich der **Magenstrom** (S. 36). Er reguliert die Verdauung und hilft bei allem, was mit Maul und Zähnen zu tun hat.
Um den Stoffwechsel zu harmonisieren, halten Sie das **SES 25** zusammen mit dem **SES 11.**

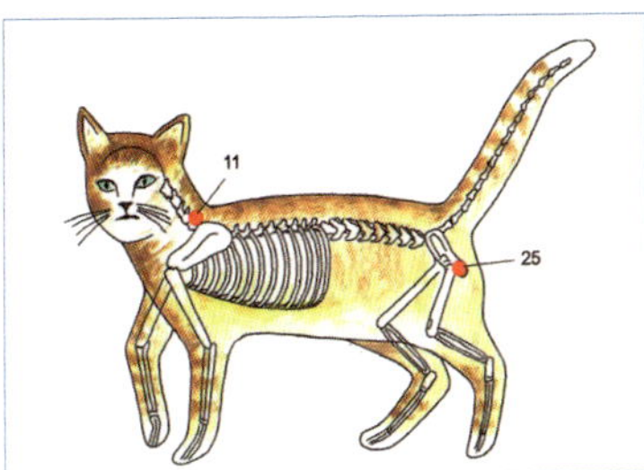

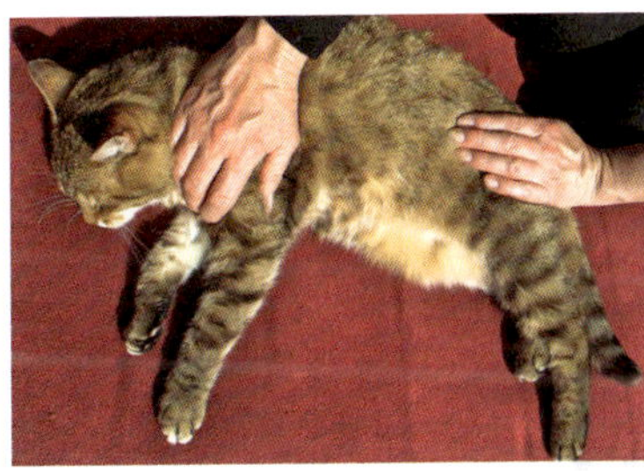

Sollten sich die Beschwerden nicht bessern, lassen Sie die Ursache tierärztlich abklären.

Geschwüre und Wucherungen

Manche Katzen haben eine Veranlagung zu Geschwüren am Zahnfleisch- oder Lippenrand. Stärken Sie den **Magenstrom** (S. 36), da er der Hauptstrom zur Stärkung des ganzen Maulbereiches ist. Der **Milzstrom** (S. 32) wirkt unterstützend bei allem, was sich nicht harmonisch entwickelt, speziell auch bei Geschwüren, Wucherungen, Zysten etc.
Halten Sie das **SES 24** zusammen mit dem **SES 26.**

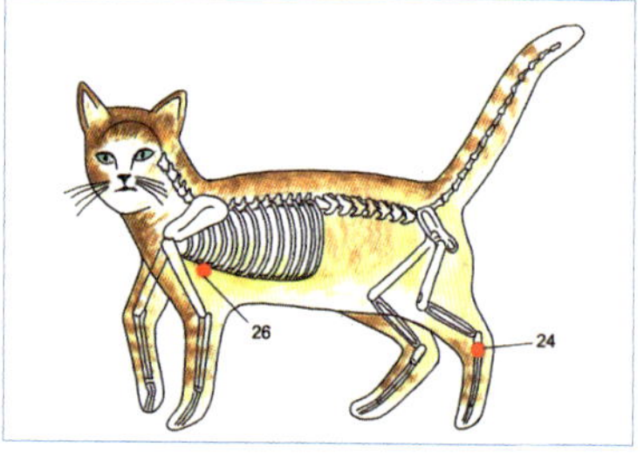

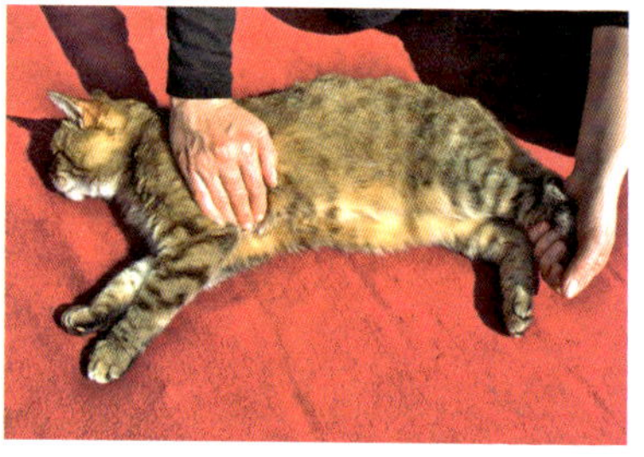

Atemwege

59 Obere Atemwege

59 Schnupfen
60 Nebenhöhlenentzündung
61 Katzenschnupfen

62 Hals

62 Halsentzündung
63 Kehlkopfkatarrh

63 Untere Atemwege

63 Husten und Bronchitis
64 Reizhusten
64 Lungenentzündung

Denken Sie daran, bei allen viralen und bakteriellen Erkrankungen immer auch das **SES 3** zu strömen – am besten zusammen mit dem **SES 15.**

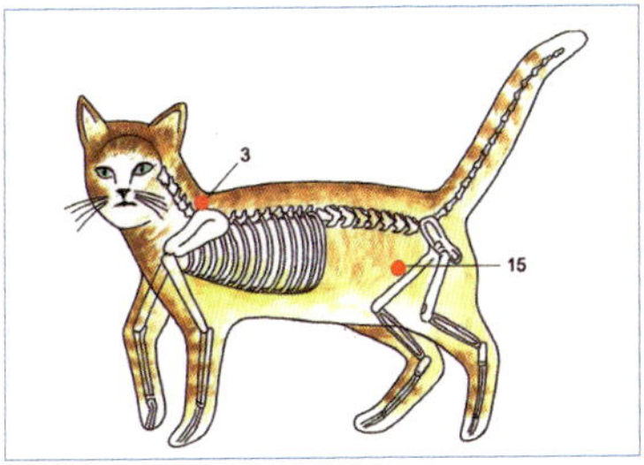

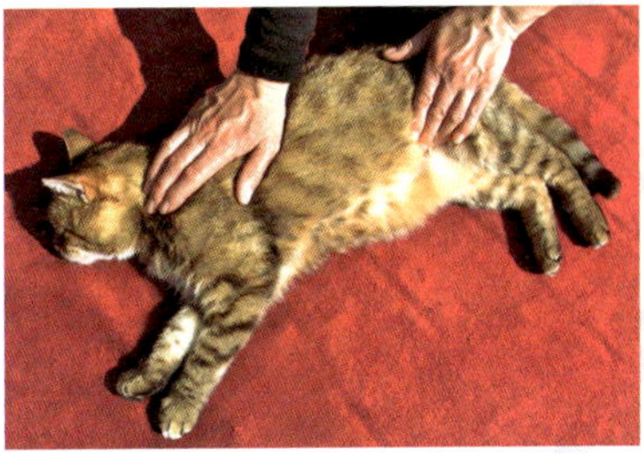

Obere Atemwege

Schnupfen

Legen Sie eine Hand auf das **SES 3,** die andere Hand auf das **SES 11.**

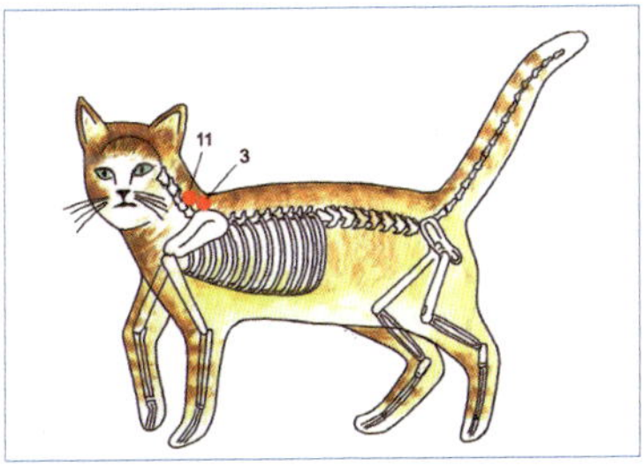

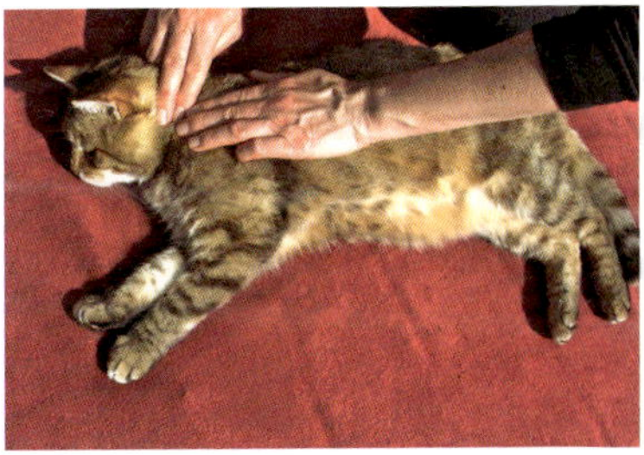

Oder halten Sie **beide SES 21.**

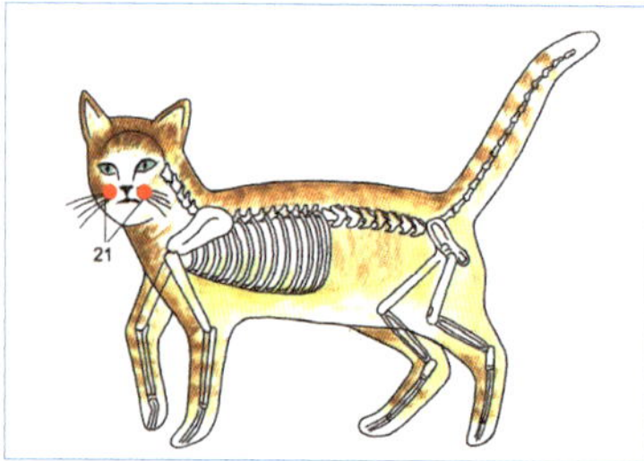

Nebenhöhlenentzündung

Halten Sie das **SES 21** und das **SES 22.**

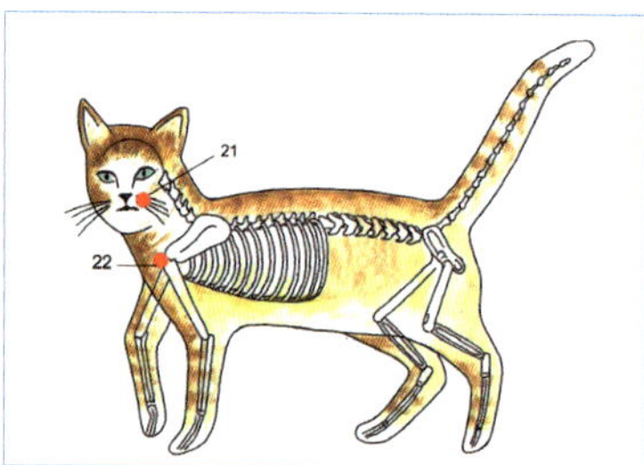

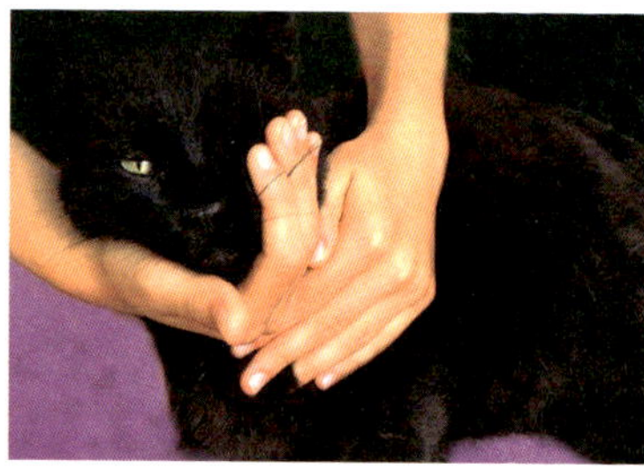

Oder legen Sie eine Hand auf das **SES 11,** und mit der anderen Hand halten Sie die **Vorderpfote** auf der anderen Körperseite.

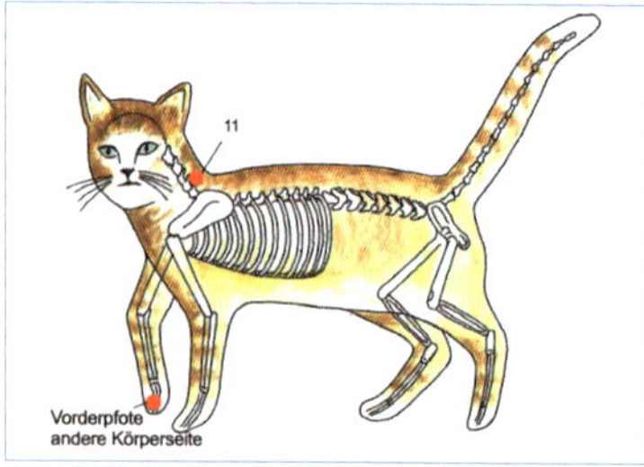

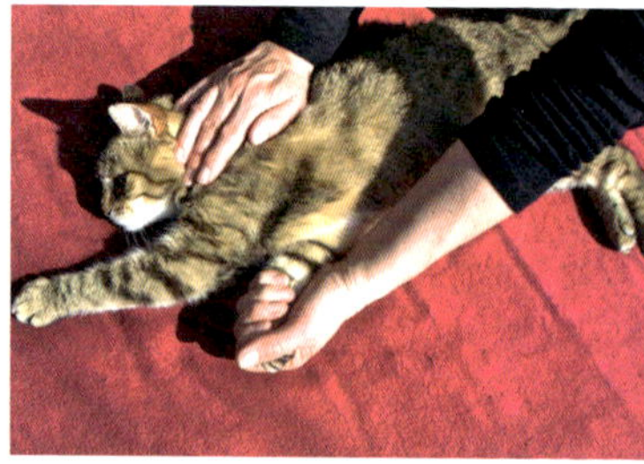

Katzenschnupfen

Katzenschnupfen ist ein Sammelbegriff für ansteckende Erkrankungen der Atemwege bei Katzen. Es ist eine Infektionskrankheit, die vor allem zu Entzündungen der Atemwege und der Augen führt. Auslöser können Viren, Bakterien oder Parasiten sein. Die Erkrankung tritt bei Katzen in aller Welt auf. Besonders oft sind junge Katzen mit häufigem Kontakt zu anderen Katzen betroffen (oft auch in Tierheimen). Katzenschnupfen ist vor allem für junge Katzen und für Tiere mit geschwächtem Immunsystem sehr gefährlich und kann chronisch werden oder bleibende Schäden zurücklassen.

Wichtig ist, das Immunsystem der Katze zu stärken. Der Hauptstrom dafür ist der **Milzstrom** (S. 32).
Halten Sie sooft wie möglich das **SES 3** – am besten zusammen mit dem **SES 15** (S. 59).
Halten Sie auch das **SES 19** zusammen mit dem **hohen SES 19** (ca. eine Pfotebreit oberhalb des SES 19), indem Sie eine Hand auf das **SES 19** und die andere Hand auf das **hohe SES 19** legen – erst auf der einen und dann auf der anderen Körperseite – oder indem Sie auf beiden Seiten das **SES 19** und das **hohe SES 19** zugleich halten.

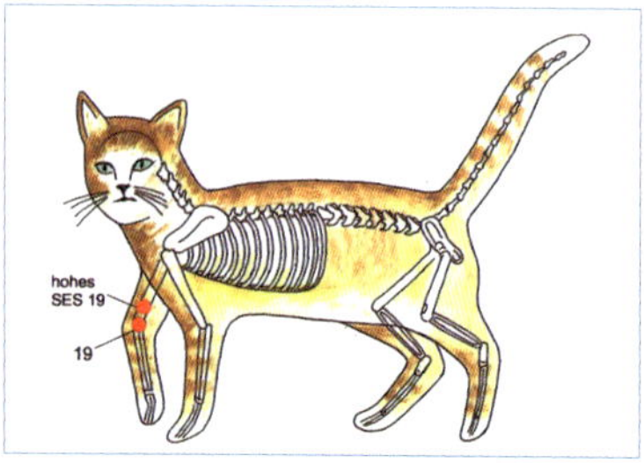

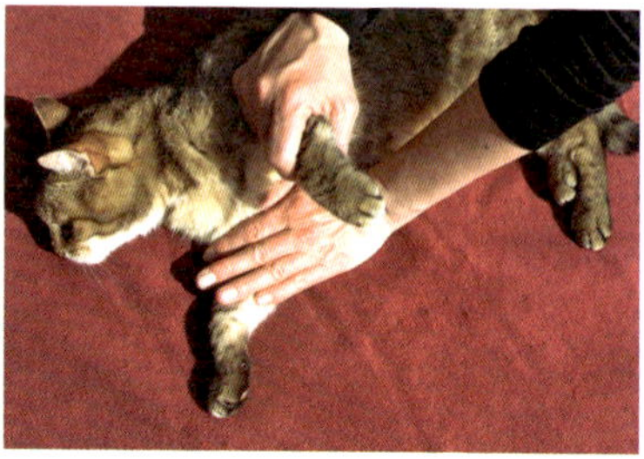

Hals

Halsentzündung

Legen Sie eine Hand auf das **SES 11** und das **SES 3**, und halten Sie mit der anderen Hand die **Vorderpfote** auf der anderen Körperseite.

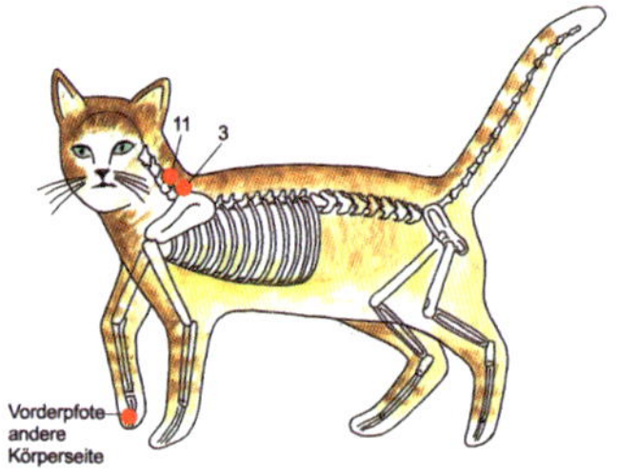

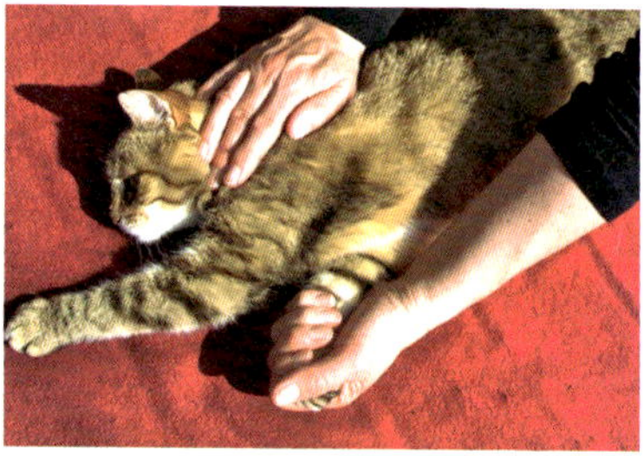

Oder legen Sie eine Hand auf das **SES 11** und das **SES 3**, die andere Hand auf das **SES 13** auf der anderen Körperseite.

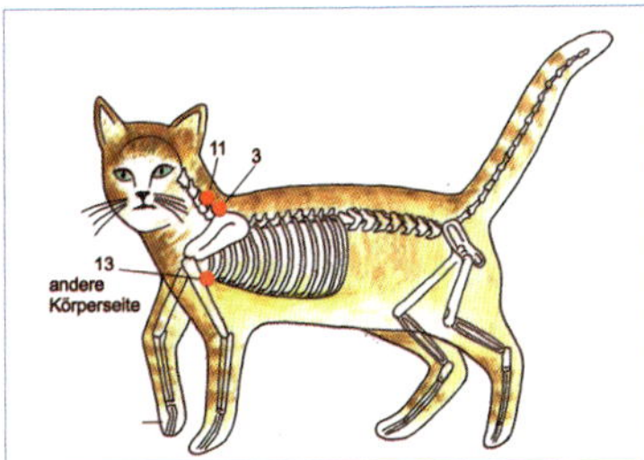

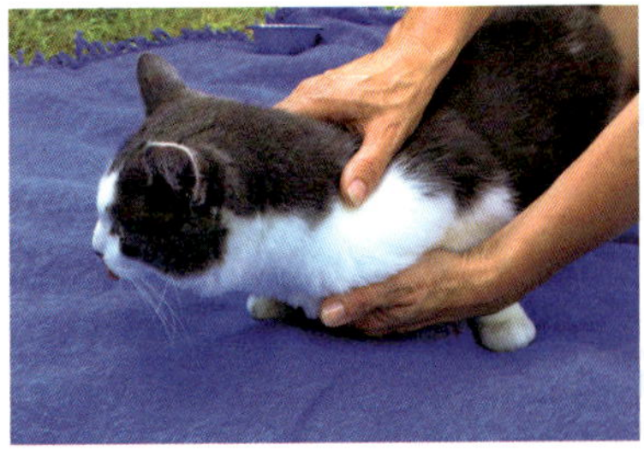

Kehlkopfkatarrh

Siehe »Halsentzündung« (S. 62).

Oder legen Sie eine Hand auf das **SES 10,** die andere Hand auf das **SES 19.**

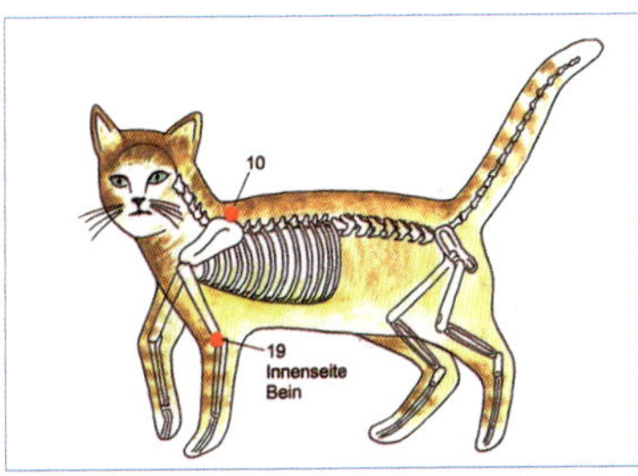

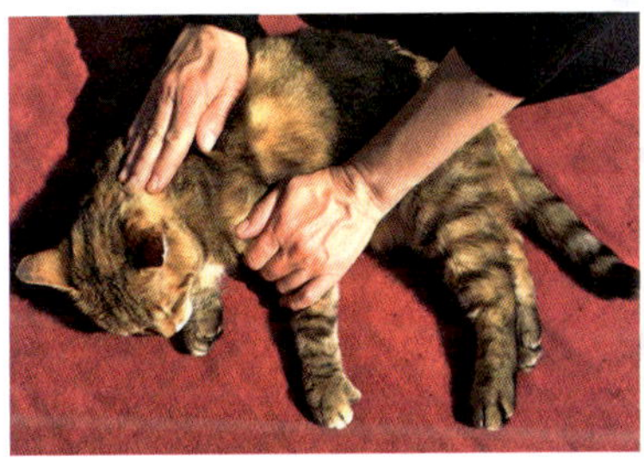

Untere Atemwege

Husten und Bronchitis

Legen Sie eine Hand auf das **SES 10,** die andere Hand auf das **SES 19** (siehe oben).

Oder strömen Sie das **SES 14** zusammen mit dem **SES 22.**

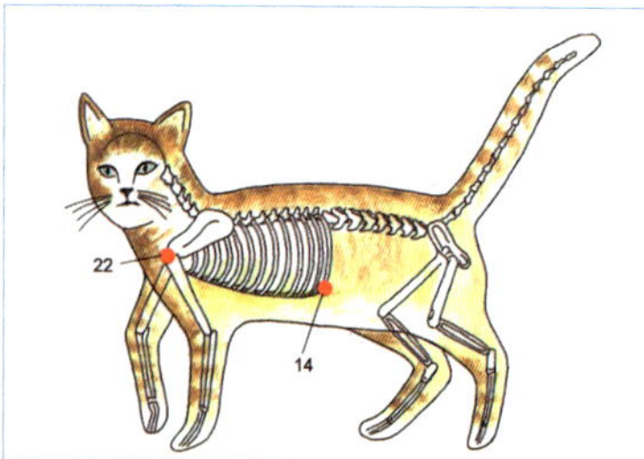

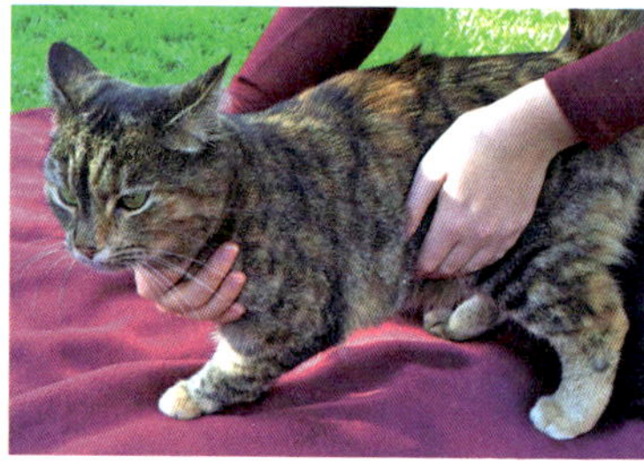

Der Griff der **Ersten Zentrierung** (S. 19) hilft ebenfalls, Husten und Bronchitis zu lindern.

Reizhusten

Um speziell Reizhusten zu lindern, legen Sie Ihre Hände an die **Innenseiten der Vorderbeine** (etwas schräg oberhalb von SES 19).

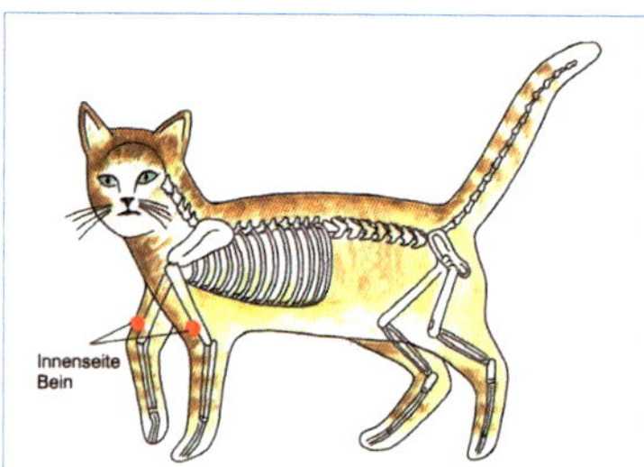

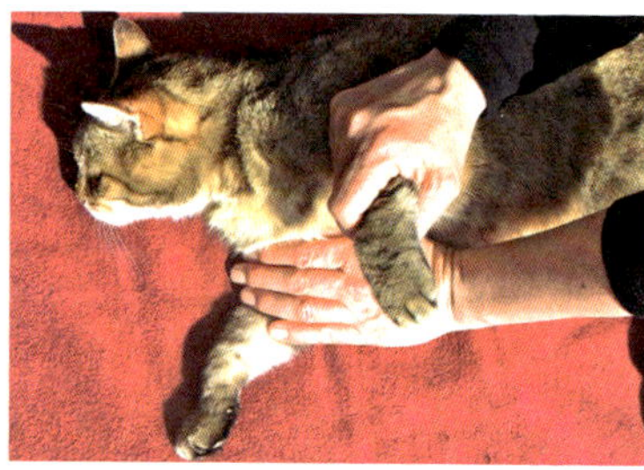

Atemwege

Lungenentzündung

Um die Lunge zu stärken, halten Sie das **SES 14** und das **SES 22** (siehe oben). Oder strömen Sie das **SES 3** (das sogenannte Strömantibiotikum) zusammen mit dem **SES 15** (S. 59).

Herz- und Kreislaufsystem

67 Herzerkrankung und Herzschwäche

68 Kreislaufschwäche

Erkrankungen des Herz- und Kreislaufsystems kommen bei Katzen zum Glück selten vor.

Herzerkrankung und Herzschwäche

Leidet Ihre Katze unter einer Herzerkrankung, können Sie sie (neben der tierärztlichen Behandlung) mit Strömen unterstützen. Halten Sie das **linke SES 15** und das **linke SES 17**.

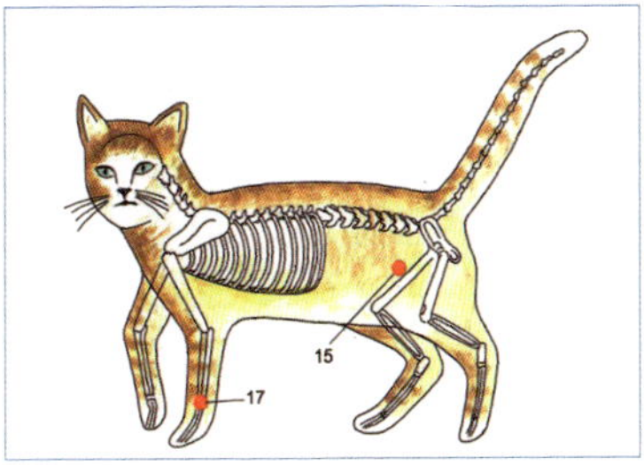

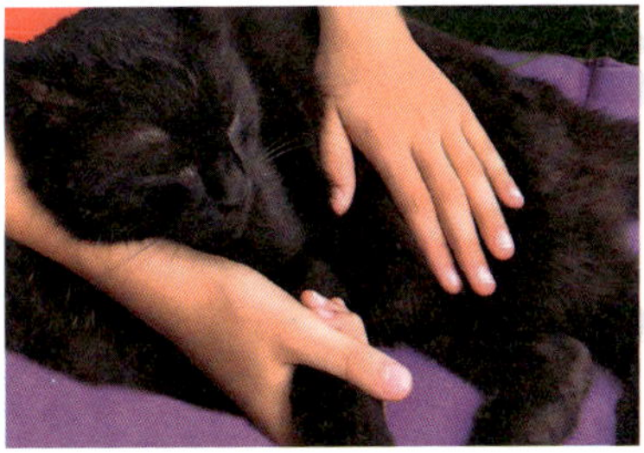

Oder strömen Sie das **linke SES 11** und das **linke SES 17** (Vorderpfotengelenk).

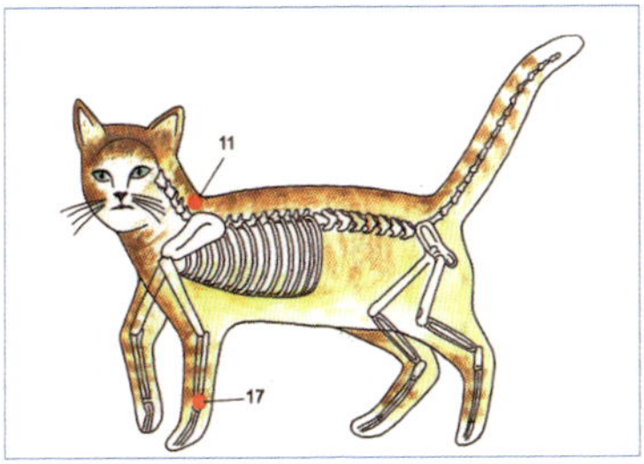

Kreislaufschwäche

Um den Kreislauf zu stärken, z. B. nach übermäßiger Anstrengung, bei einem Kollaps oder starkem Durchfall, halten Sie **beide SES 17.**

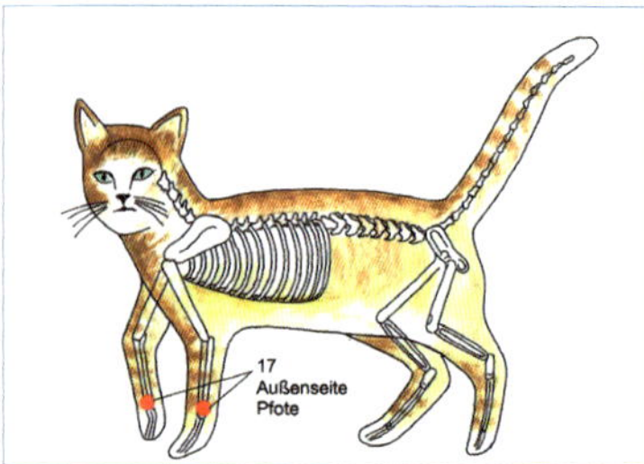

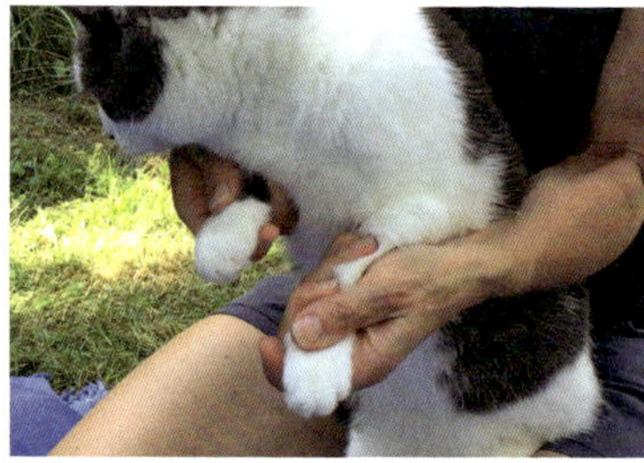

Oder legen Sie eine Hand auf das **SES 10,** die andere Hand auf das **hohe SES 19.**

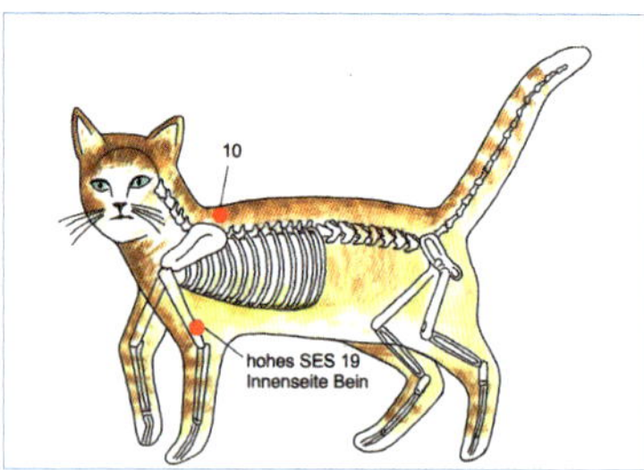

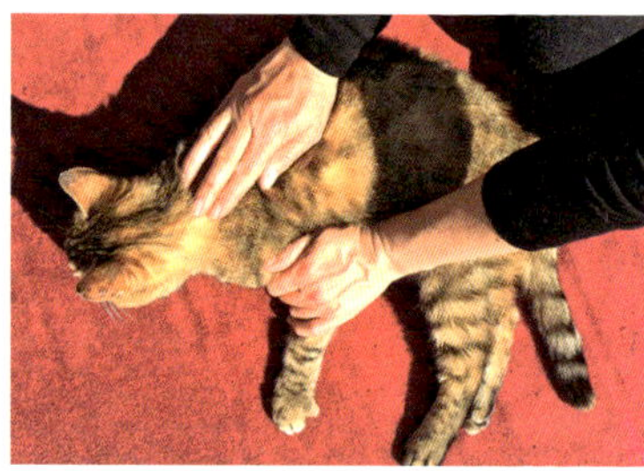

Verdauungsorgane

71 Magen

71 Erbrechen
71 Magenschmerzen und Kolik
72 Magenschleimhautentzündung (Gastritis)

73 Appetitstörungen

73 Abmagerung

74 Darm

74 Verstopfung
74 Durchfall
76 Darmkoliken
76 Darmparasiten

77 Leber

79 Bauchspeicheldrüse und Milz

79 Bauchspeicheldrüse
80 Diabetes

Magen

Bei allen Themen, die mit dem Magen zu tun haben, eignet sich der **Magenstrom** (S. 36).

Erbrechen

Gelegentliches Erbrechen, um Haarballen oder gefressenes Gras loszuwerden, ist normal. Damit will sich der Körper von schädlichen Stoffen befreien. Sollte Erbrechen aber häufiger auftreten, lassen Sie es tierärztlich abklären. Mit Strömen können Sie Ihre Katze unterstützen: Halten Sie **beide SES 1.** Oder legen Sie eine Hand auf das **SES 1,** die andere Hand auf das **SES 14.**

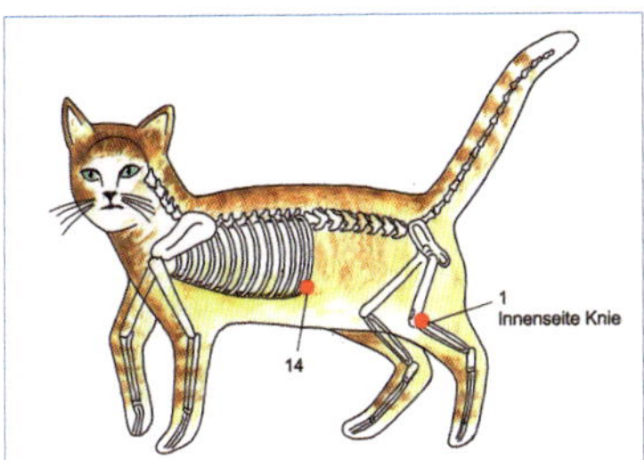

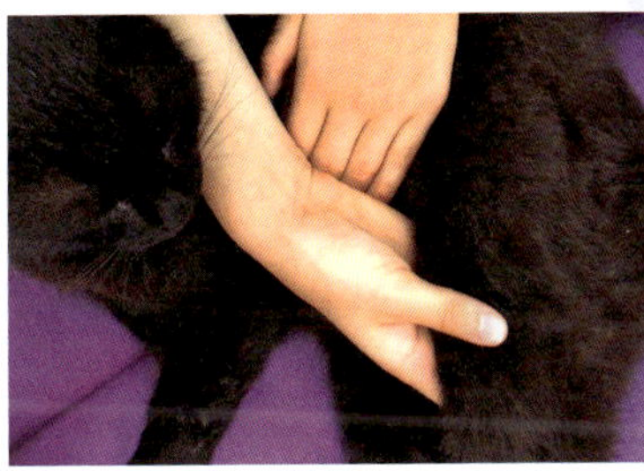

Magenschmerzen und Kolik

Um Koliken zu lösen, legen Sie die Hände auf **beide SES 1** (Innenseite Kniegelenke der Hinterbeine).

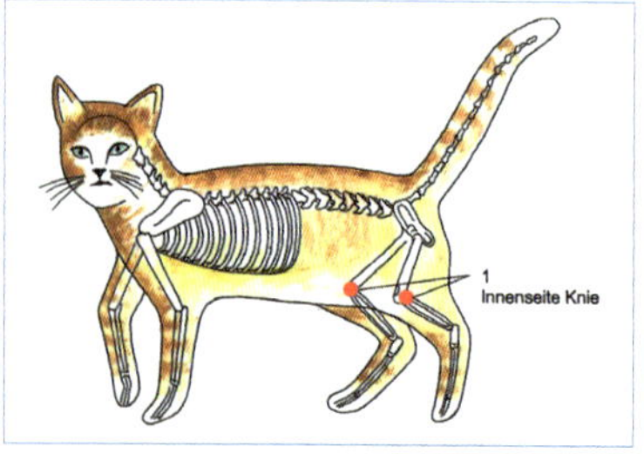

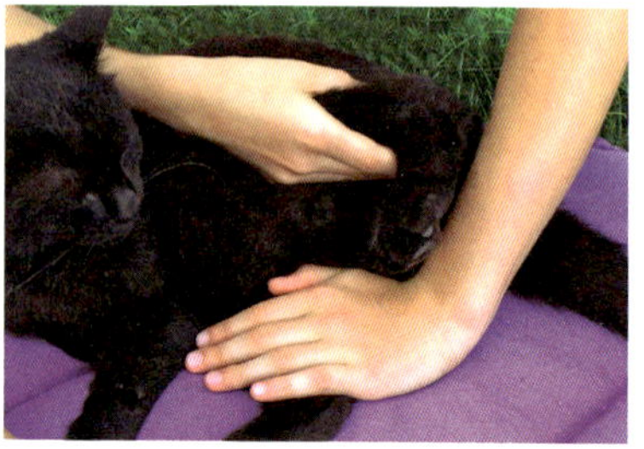

Oder halten Sie das **hohe SES 1** (ca. eine Pfotebreit oberhalb des SES 1) zusammen mit dem **tiefen SES 8** (ca. eine Pfotebreit unterhalb des SES 8).

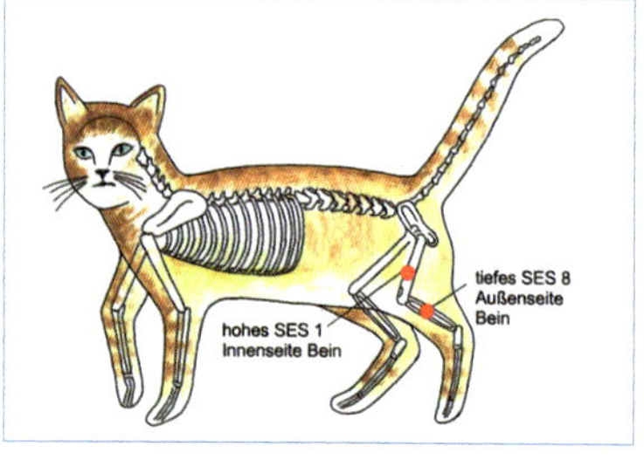

Magenschleimhautentzündung (Gastritis)

Eine Gastritis kann unterschiedliche Ursachen haben: das Fressen unverträglicher Pflanzen, Schadstoffe, die beim Putzen aus dem Fell in den Körper gelangen, das Saufen von Blumen- oder Spülwasser oder auch eine Infektion oder ein Wurmbefall. Eine Gastritis kann mit oder ohne Erbrechen einhergehen.

Sie können Ihre Katze mit Strömen folgendermaßen unterstützen: Praktizieren Sie den **Magenstrom** (S. 36).
Halten Sie das **SES 14** und das **hohe SES 1** auf der anderen Körperseite.

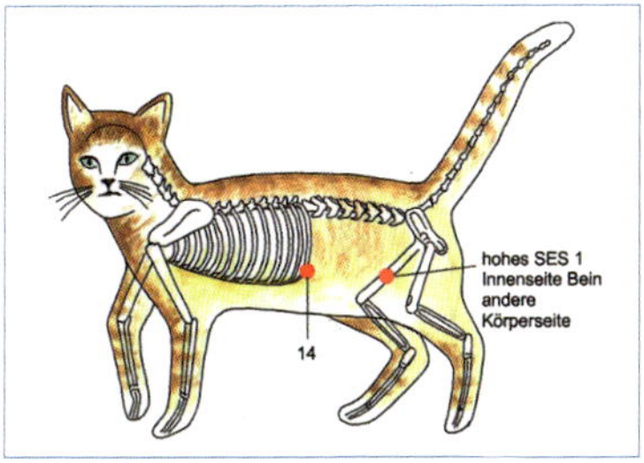

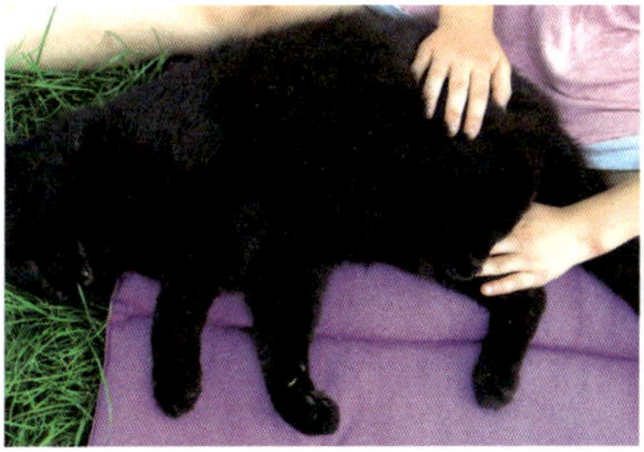

Appetitstörungen

Der **Milzstrom** (S. 32) harmonisiert das Fressverhalten. Er reguliert Appetitlosigkeit, Nahrungsverweigerung, vermehrten Appetit, Futtergier etc. Auch der **Magenstrom** (S. 36) bringt den Appetit und das Gewicht ins Gleichgewicht.

Abmagerung

Auch hier eignen sich der **Magen-** (S. 36) und der **Milzstrom** (S. 32). Denken Sie daran, dass die Ursache der Abmagerung auch Darmparasiten (Gewichtsabnahme bei normalem Appetit und Fressverhalten, S. 76) oder Schilddrüsenerkrankungen sein können.

Darm

Verstopfung

Die Ursachen von Verstopfung können Bewegungsmangel (vor allem bei Hauskatzen), einseitige Fütterung, zu ballaststoffreiche Nahrung und im Darm feststeckende Haarknäuel sein, wenn nicht schwerwiegende Erkrankungen vorliegen. Achten Sie darauf, dass Ihre Katze immer Zugang zu frischem Wasser hat. Um Verstopfungen zu lösen, halten Sie **beide SES 1** (S. 72). Oder legen Sie eine Hand auf das **SES 11** und die andere Hand auf die **Vorderpfote** der anderen Körperseite.

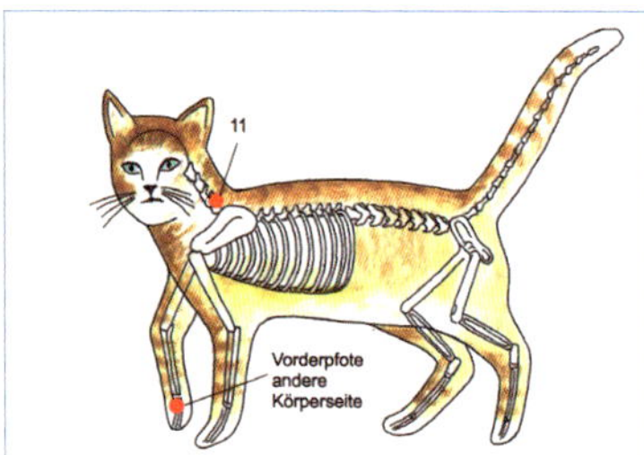

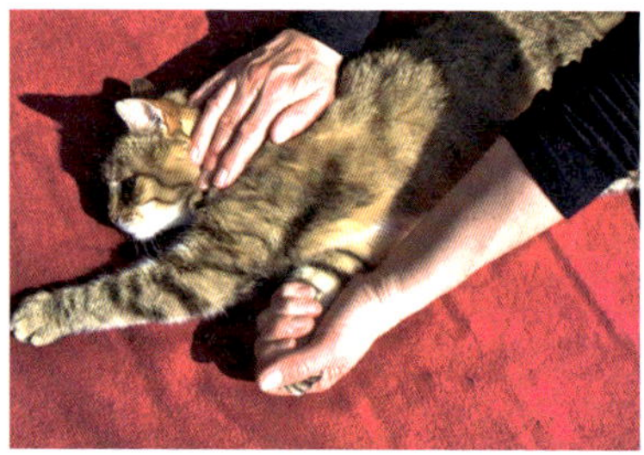

Durchfall

Durchfall kann verschiedene Ursachen haben. Wenn er sich trotz Strömen nicht innerhalb eines Tages verbessert und/oder das Allgemeinbefinden der Katze beeinträchtigt ist, lassen Sie es tierärztlich abklären. Halten Sie **beide SES 8.**

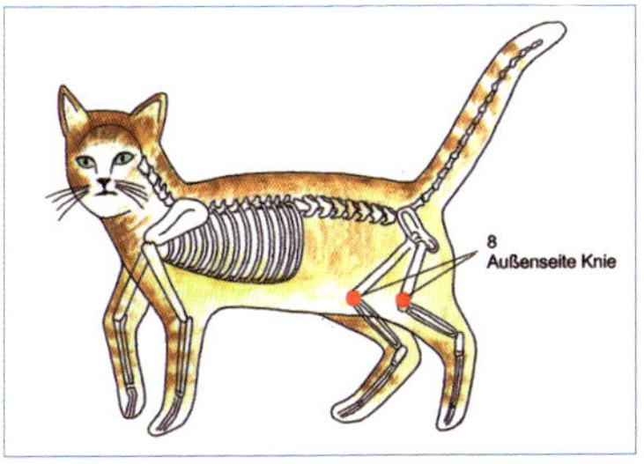

Oder legen Sie eine Hand auf das **rechte SES 8** und die andere Hand auf das **rechte hohe SES 1** (ca. eine Pfotebreit oberhalb von SES 1).

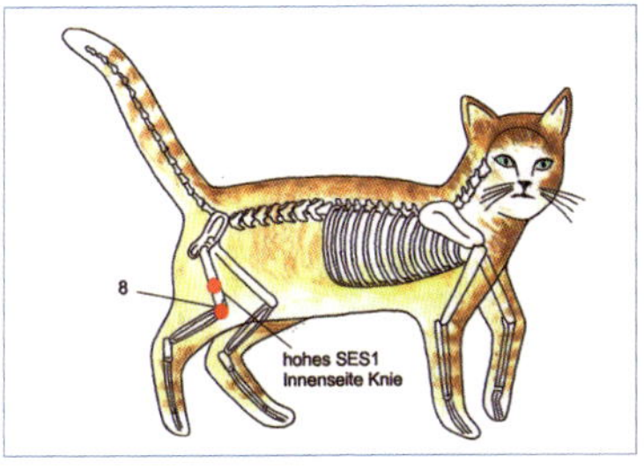

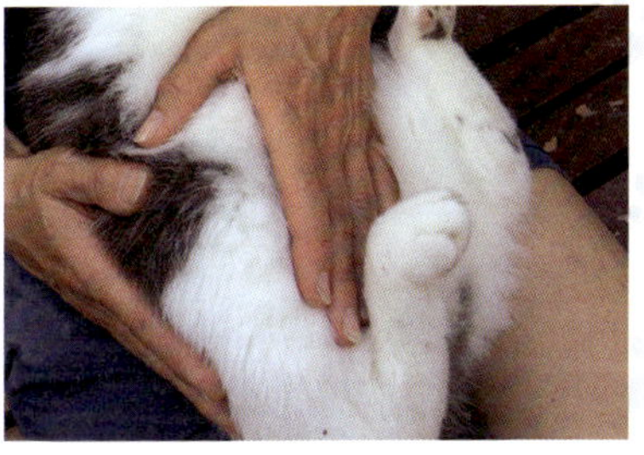

Darmkoliken

Zur Beruhigung des Darmes können Sie eine Hand auf das **hohe SES 19** und die andere Hand auf **das SES 1** auf der anderen Körperseite legen.

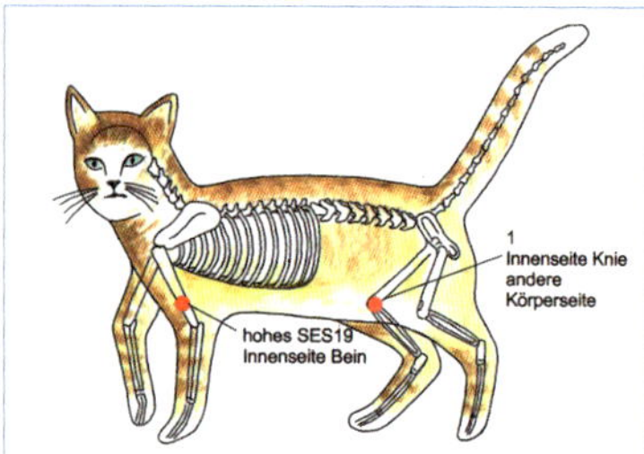

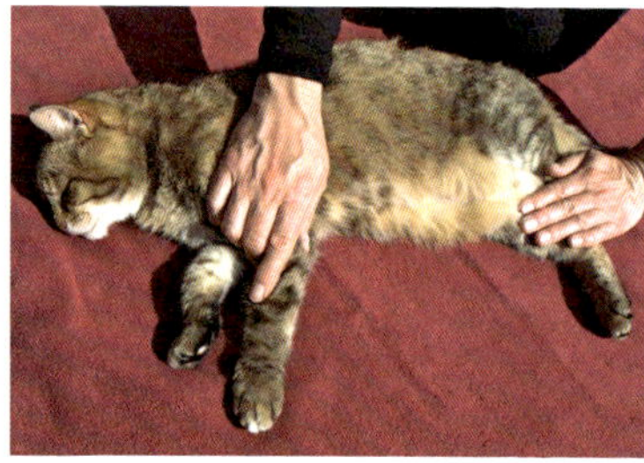

Darmparasiten

Wenn Ihre Katze immer wieder Probleme mit Parasiten hat, halten Sie regelmäßig **beide SES 19.**

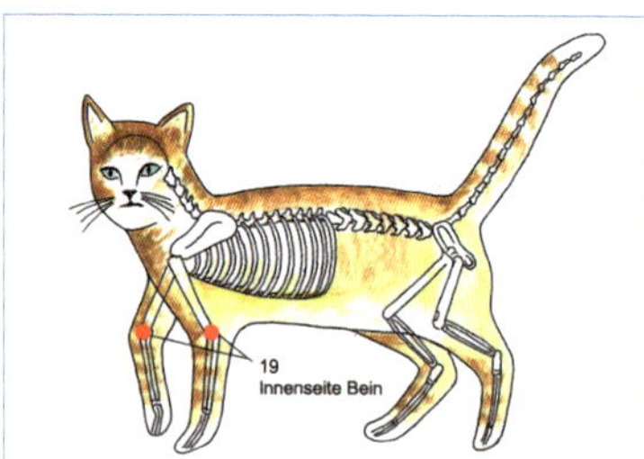

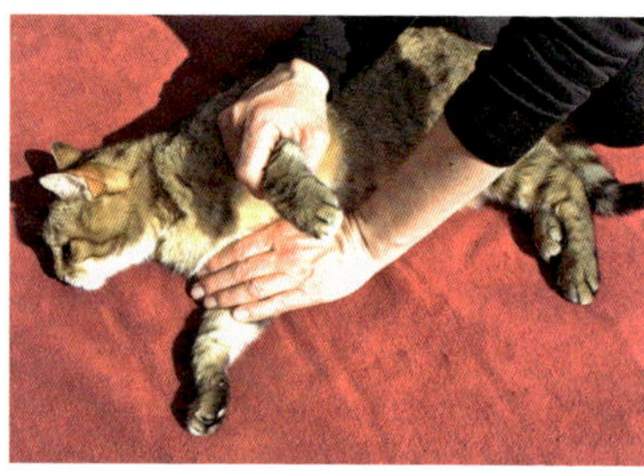

Oder halten Sie das **SES 3** zusammen mit dem **SES 19** erst auf der einen, dann auf der anderen Körperseite.

Verdauungsorgane

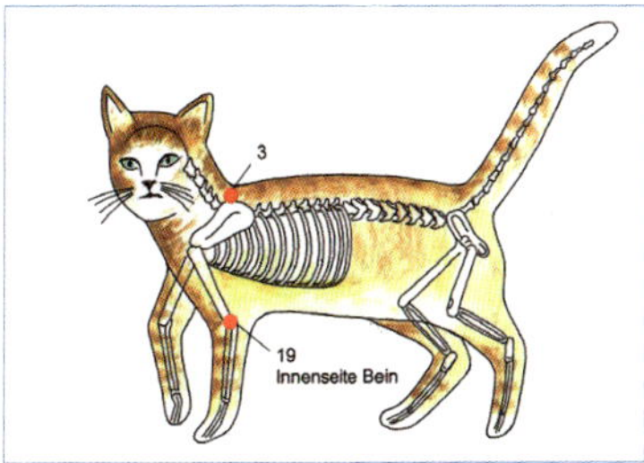

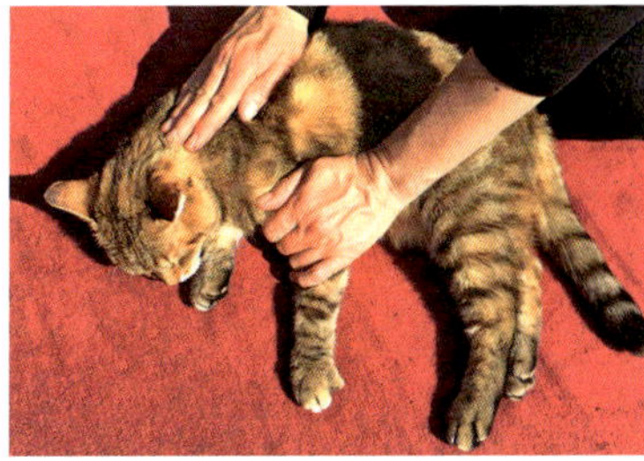

Leber

Die Leber ist das größte Entgiftungsorgan. Um die Leber zu stärken, legen Sie eine Hand auf das **linke SES 4,** die andere Hand auf das **rechte SES 22.**

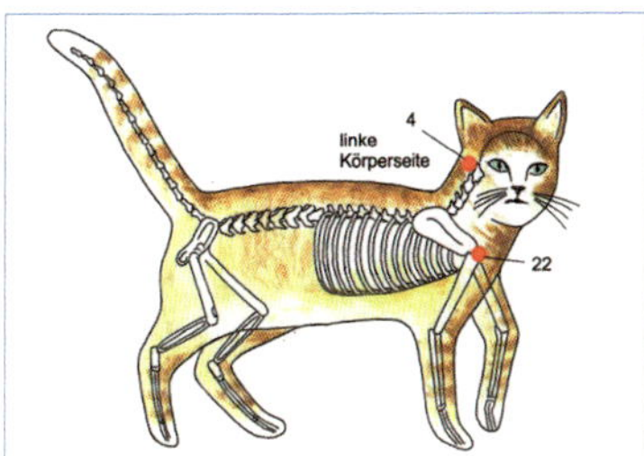

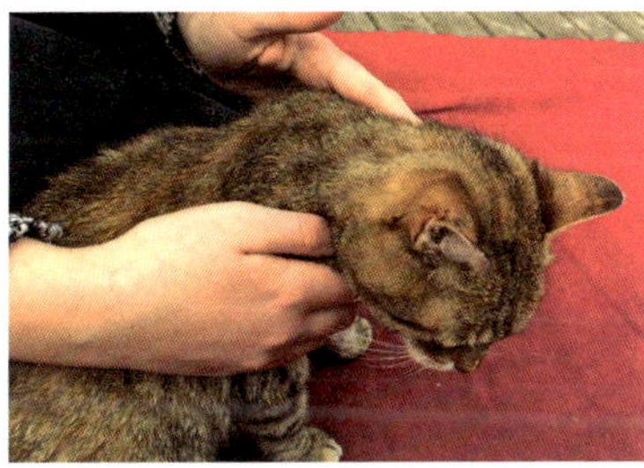

Zum Entgiften legen Sie eine Hand auf das **SES 12**, die andere Hand auf das **SES 14**.

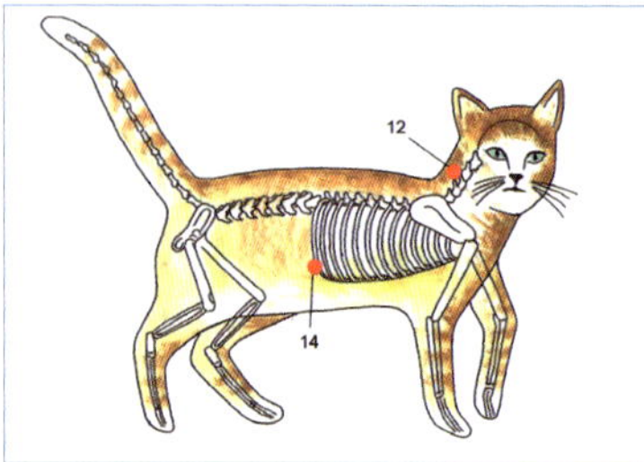

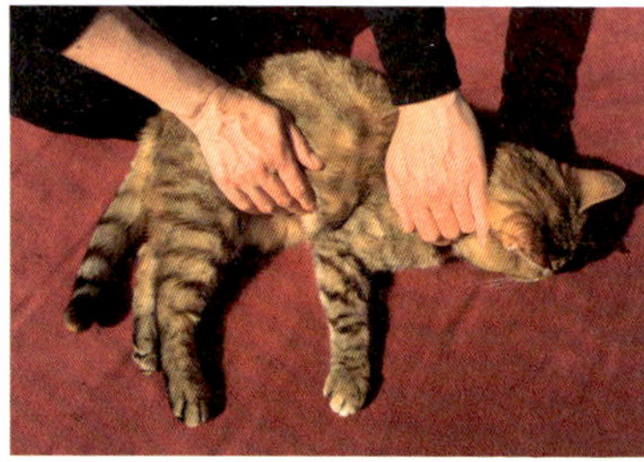

Oder strömen Sie das **SES 23** zusammen mit dem **SES 25**.

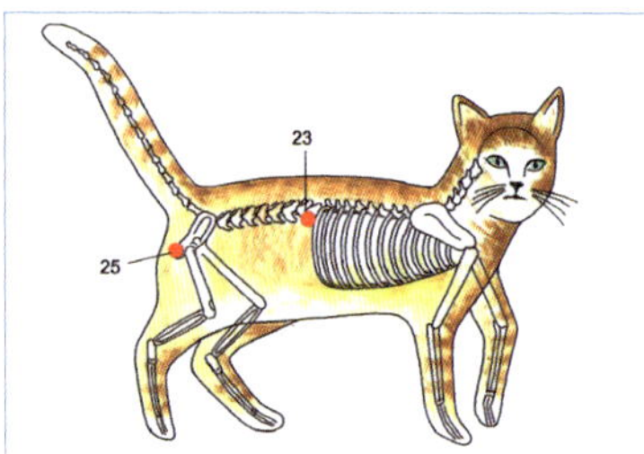

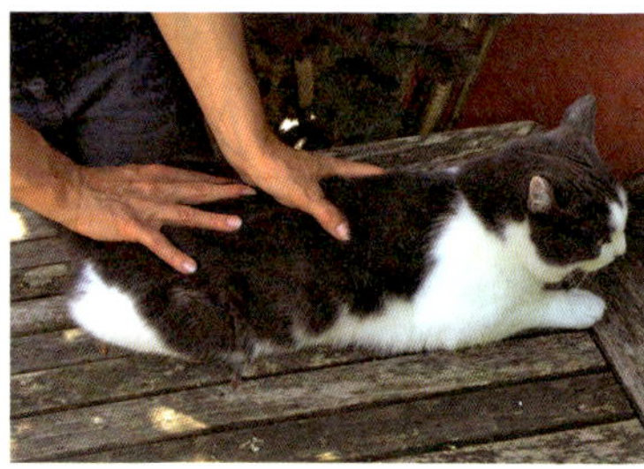

Bauchspeicheldrüse und Milz

Bauchspeicheldrüse

Um die Bauchspeicheldrüse zu stärken, halten Sie **beide SES 14.**

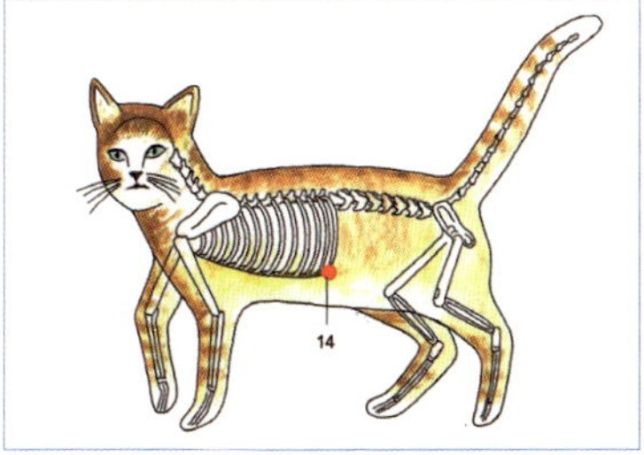

Oder legen Sie eine Hand auf das **SES 14,** die andere Hand auf das **hohe SES 1** (ca. eine Pfotebreit oberhalb des SES 1) auf der anderen Körperseite.

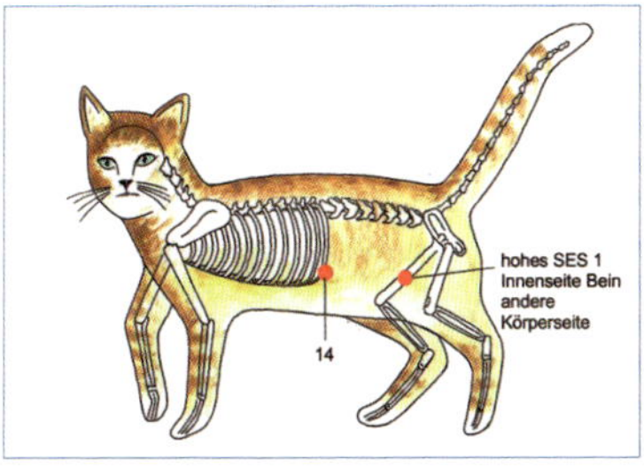

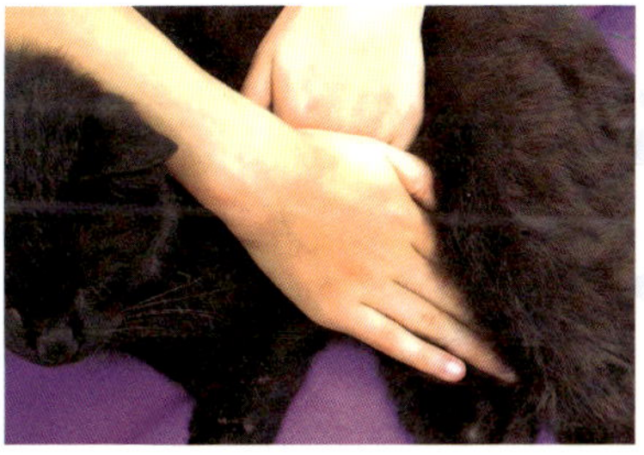

Diabetes

Auch Katzen können unter Diabetes leiden. Neben der tierärztlichen Behandlung können Sie zur Unterstützung folgende Strömfolge anwenden:

Anwendung für die rechte Körperseite:

1. Schritt: Legen Sie die rechte Hand auf das **rechte SES 23** und die linke Hand auf das **rechte SES 14.**

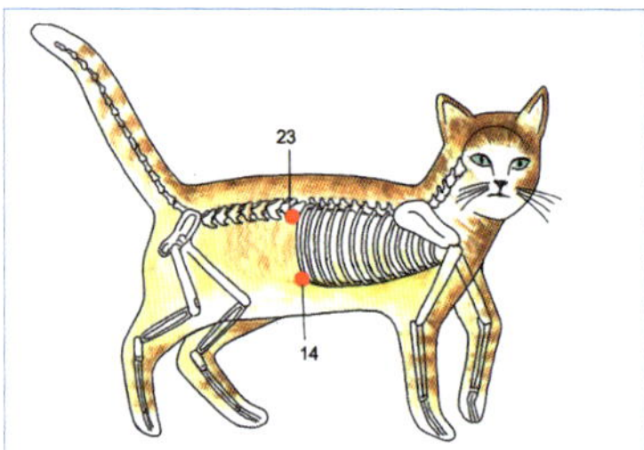

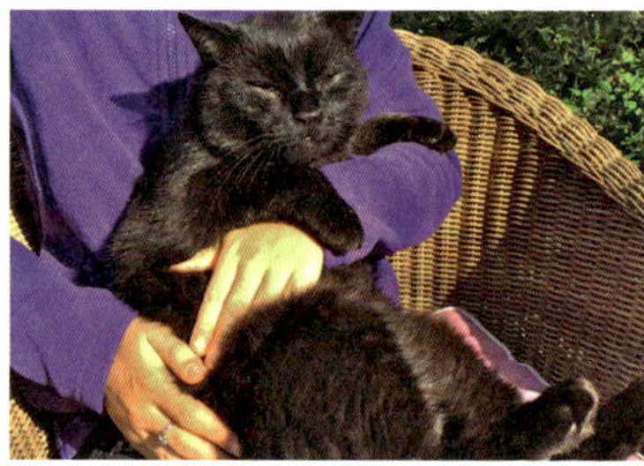

2. Schritt: Lassen Sie die rechte Hand auf dem **rechten SES 23**, und strömen Sie mit der linken Hand das **rechte SES 21.**

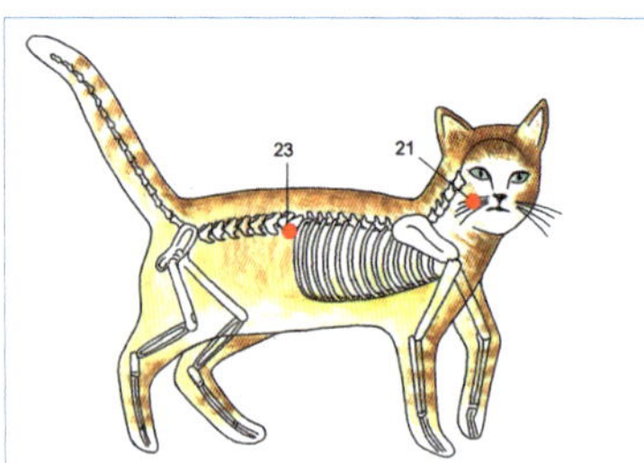

Verdauungsorgane

Und umgekehrt für die linke Körperseite:

1. Schritt: Linke Hand auf das **linke SES 23,** rechte Hand auf das **linke SES 14.**

2. Schritt: Lassen Sie die linke Hand auf dem **linken SES 23,** und strömen Sie mit der rechten Hand das **linke SES 21.**

Harnsystem

83 Blase

84 Niere

84 Nierenentzündung
86 Nieren- und Blasensteine

Blase

Bei allen Blasenproblemen (Entzündung, Lähmung etc.) harmonisieren Sie den **Blasenstrom** (S. 41).

Oder machen Sie folgende Kurzgriffe: Legen Sie eine Hand in die Mitte der Halswirbelsäule zwischen **beide SES 12** und die andere Hand auf das **Steißbein.**

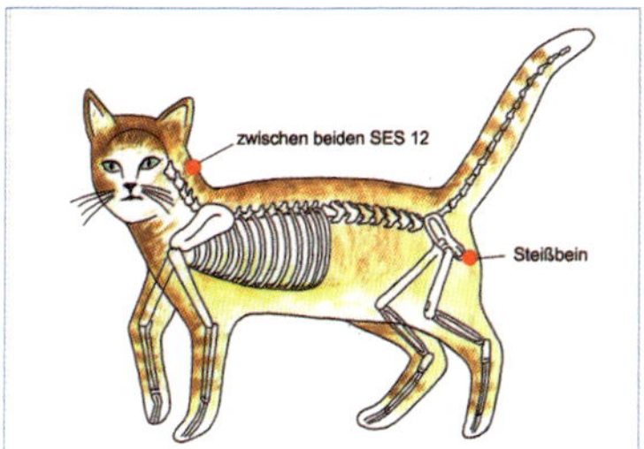

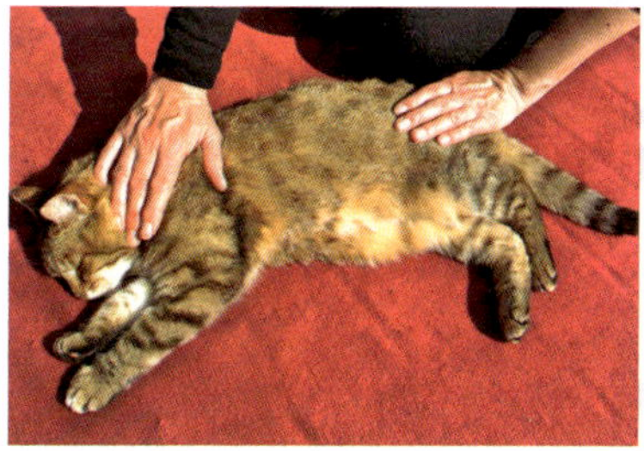

Oder strömen Sie das **SES 4** zusammen mit dem **SES 13.**

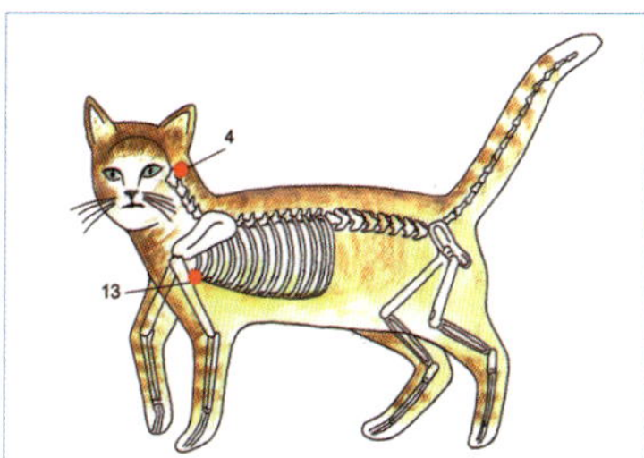

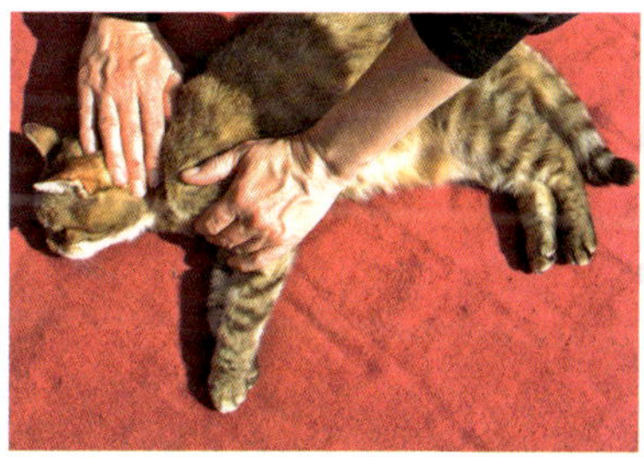

Niere

Nierenentzündung

Anwendung für die rechte Körperseite:

1. Schritt: Halten Sie zuerst das **linke SES 3** und das **linke SES 15.**

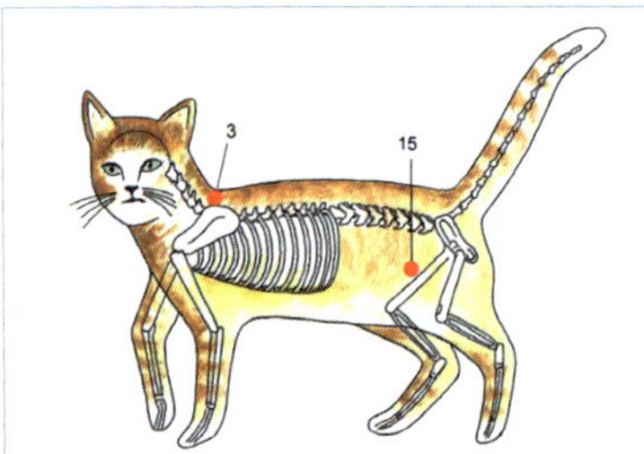

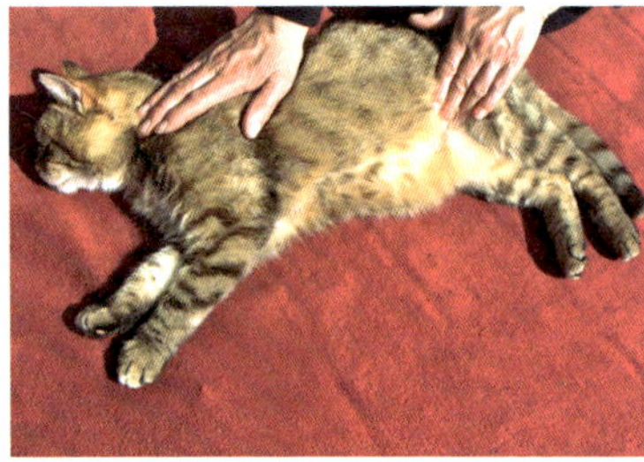

2. Schritt: Legen Sie dann eine Hand auf das **Schambein** (auf dem Foto wird nur mit den Fingerspitzen geströmt, weil die Katze die ganze Hand als unangenehm empfindet). Halten Sie mit der anderen Hand die **linke Hinterpfote.**

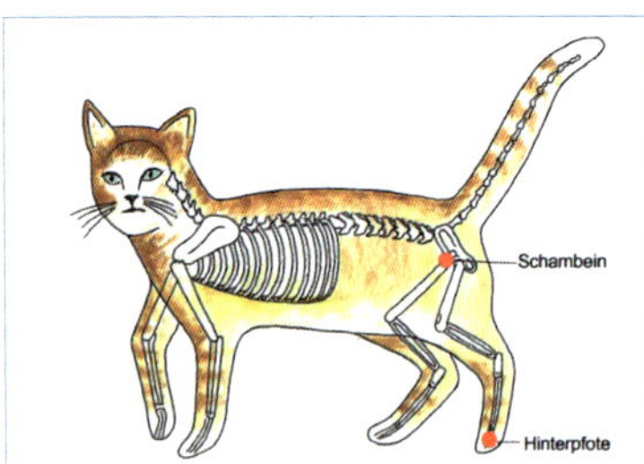

Harnsystem

Und umgekehrt für die andere Körperseite:

1\. Schritt: Eine Hand auf das **rechte SES 3** und die andere Hand auf das **rechte SES 15.**

2\. Schritt: Eine Hand auf das **Schambein** und die andere Hand auf die **rechte Hinterpfote.**
Oder, wenn Ihre Katze nicht am Schambein berührt werden möchte, legen Sie eine Hand in den **Nacken** und die andere Hand auf das **Steißbein.**

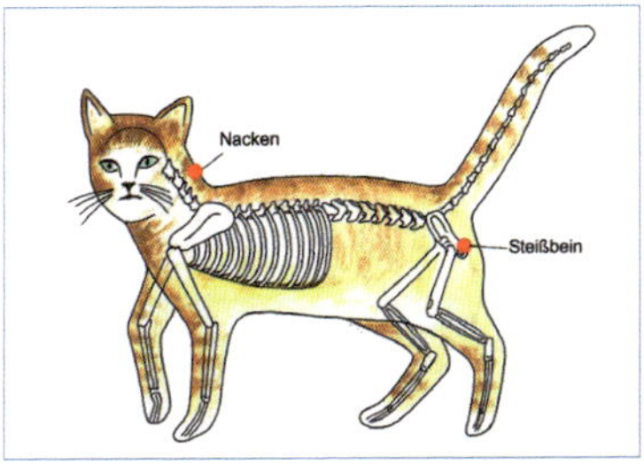

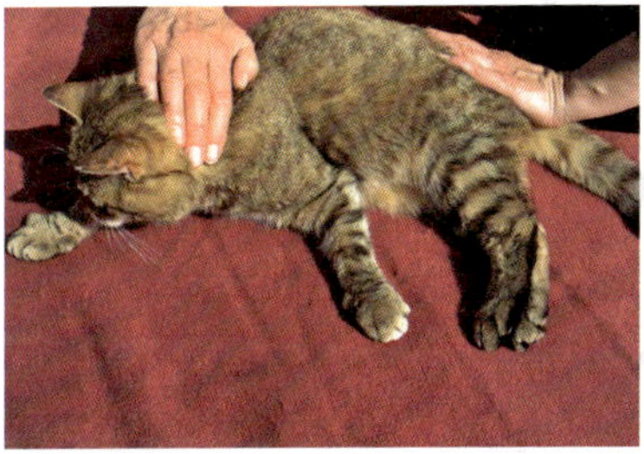

Nieren- und Blasensteine

Halten Sie mit der einen Hand das **SES 5** und das **SES 16,** mit der anderen Hand das **SES 23.** Machen Sie die Griffe erst auf der einen und dann auf der anderen Körperseite.

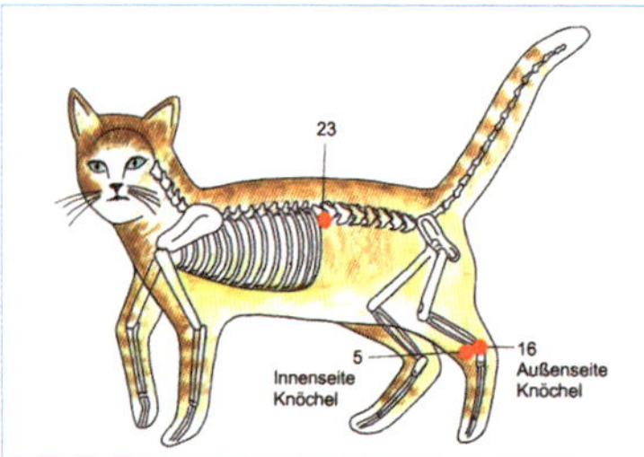

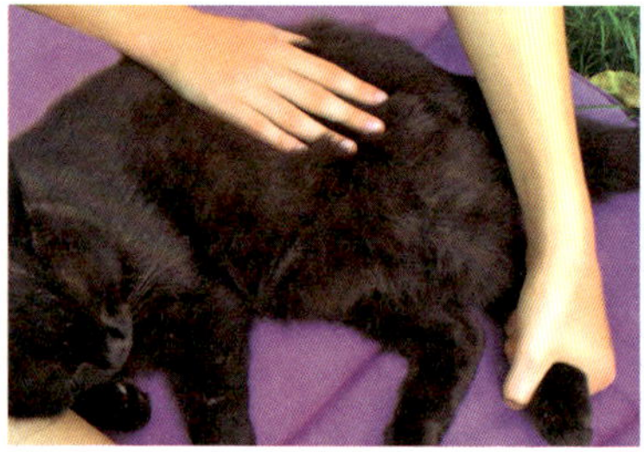

Oder strömen Sie das **SES 23** zusammen mit dem **SES 14.**

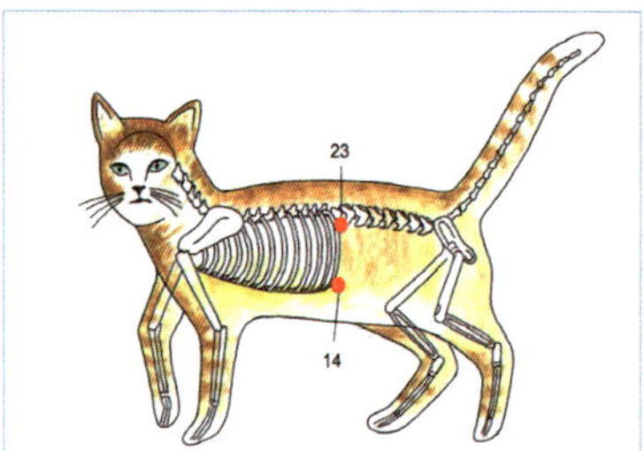

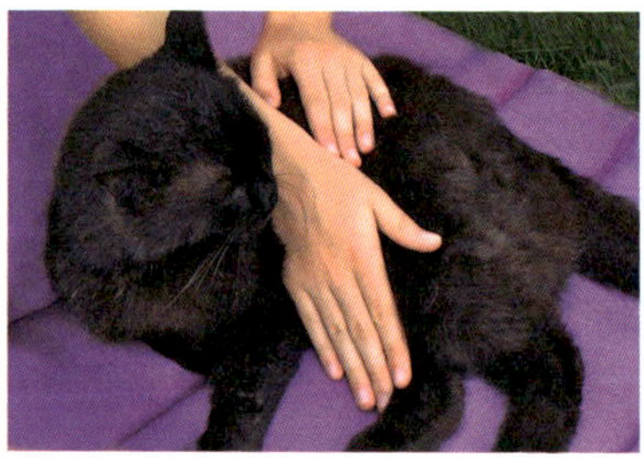

Harnsystem

Geschlechtsorgane

89 Männliche Geschlechtsorgane

89 Hodenentzündung
89 Prostata

90 Weibliche Geschlechtsorgane und Geburtshilfe

90 Trächtigkeit
91 Geburtsvorbereitung
91 Geburtshilfe
92 Geburtsschmerzen
93 Wehenschwäche oder zu heftige Wehen
93 Neugeborenes: Probleme mit der Atmung
94 Milchmangel und Milchüberschuss
94 Entzündung des Gesäuges
95 Scheinträchtigkeit

Männliche Geschlechtsorgane

Hodenentzündung

Halten Sie mit einer Hand das **SES 5** zusammen mit dem **SES 16**, und legen Sie die andere Hand auf das **SES 3.**

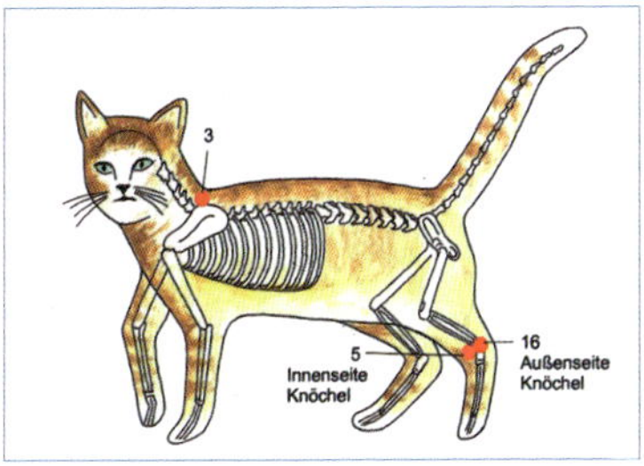

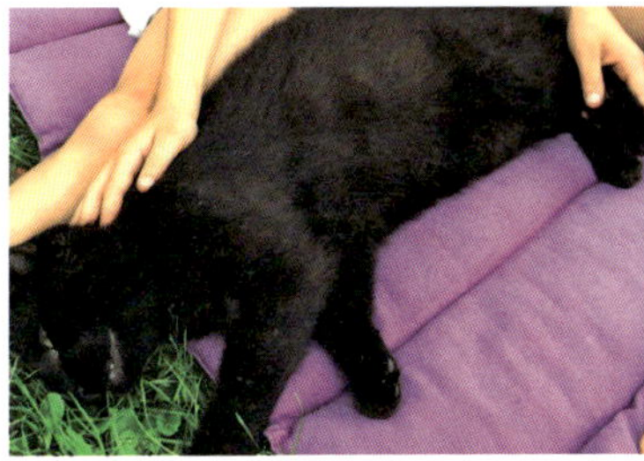

Prostata

Stärken Sie den **Milzstrom** (S. 32).
Oder legen Sie eine Hand auf das **Brustbein** und die andere Hand auf das **Steißbein.**

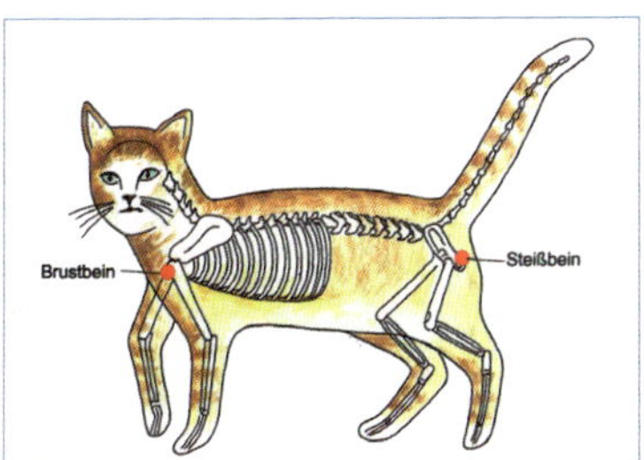

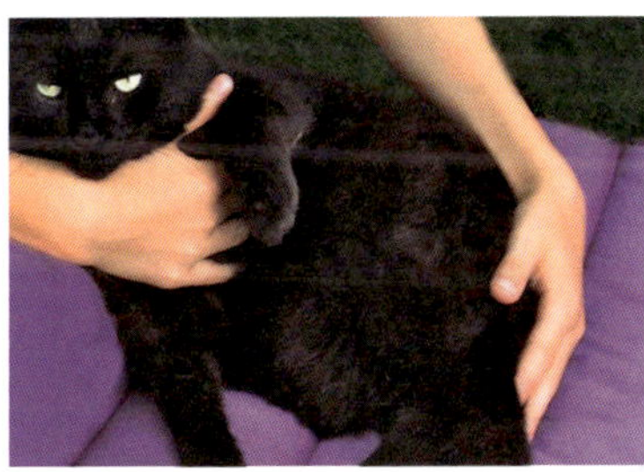

Weibliche Geschlechtsorgane und Geburtshilfe

Trächtigkeit

Die **SES 22** sind wichtig, um sich an die neue Situation (die Trächtigkeit, die Geburt und die Zeit danach) zu gewöhnen, vor allem für Katzen, die das erste Mal werfen.

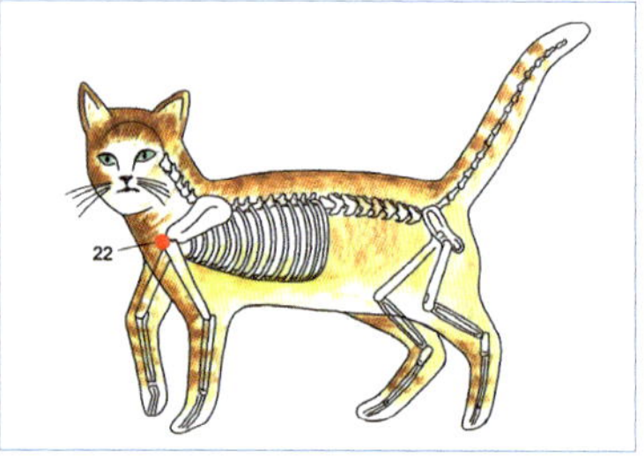

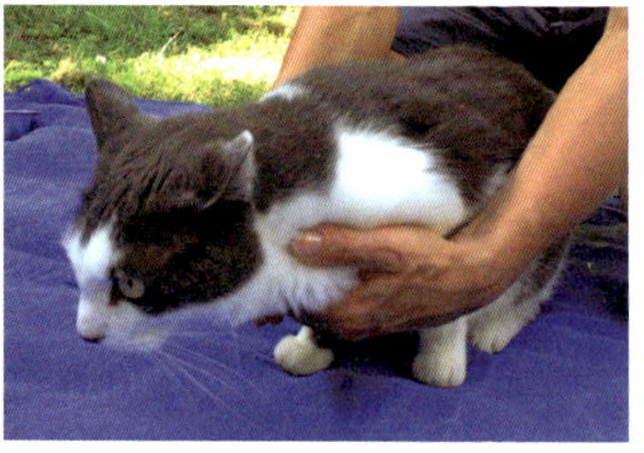

Für eine gesunde Entwicklung während der Trächtigkeit können Sie regelmäßig die **Betreuerströme** (S. 27) praktizieren. Die **SES 5** zusammen mit den **SES 16** gehalten versorgen den Uterus mit Energie.

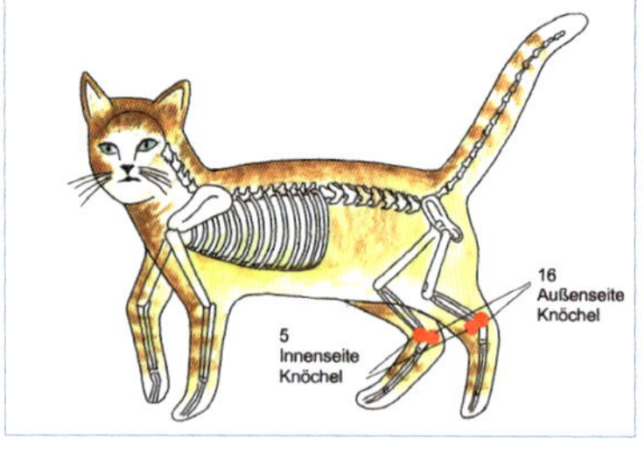

Geburtsvorbereitung

Das **SES 8** macht das Becken weich für die Geburt und öffnet den Geburtskanal. Auch das **SES 22** bereitet den Körper auf die Geburt vor. Sie können beide SES zusammen strömen.

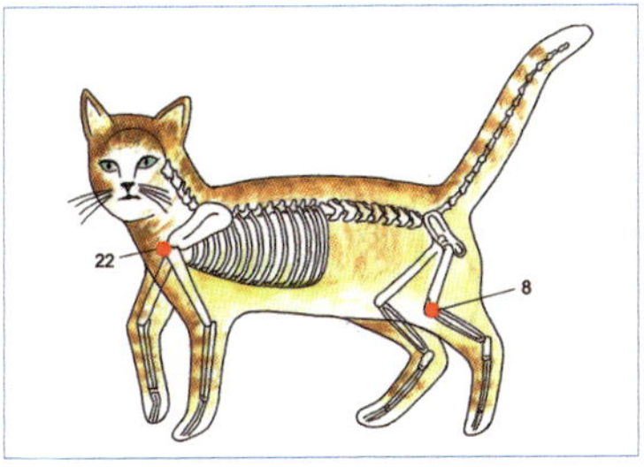

Geburtshilfe

Die meisten Katzen bewerkstelligen die Geburt ganz allein und eher zurückgezogen. Es gibt aber auch Katzen, die gerade dann die Nähe ihrer Menschen suchen. Lassen Sie die Katze ihre Arbeit tun. Wenn sie sich an Sie wendet, gern angefasst wird, können Sie sie strömend unterstützen: Das **SES 13** zusammen mit dem **SES 4** entspannt und fördert eine zügige Geburt.

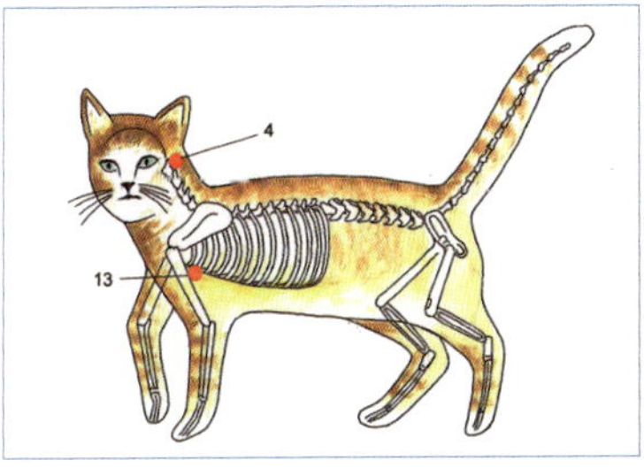

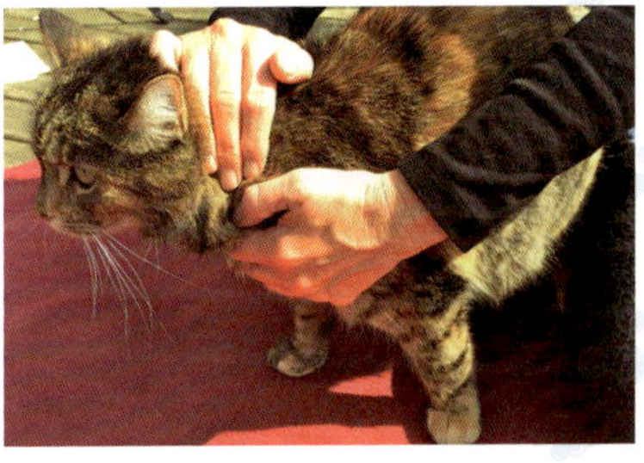

Zur allgemeinen Geburtsunterstützung und zur Förderung der Wehentätigkeit legen Sie eine Hand auf das **SES 8** und die andere Hand in den **Kreuzbeinbereich.**

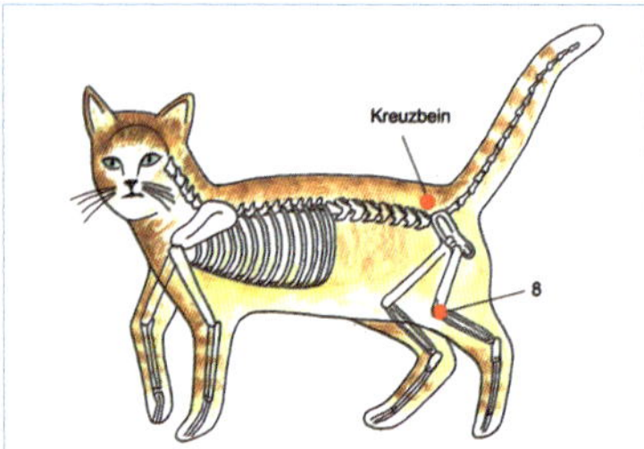

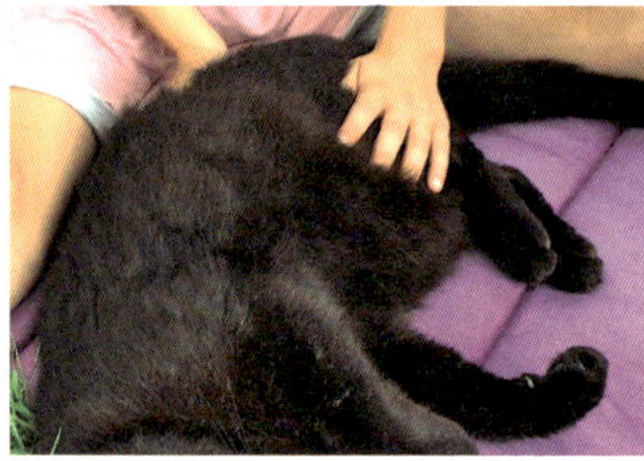

Geburtsschmerzen

Das Strömen der **SES 5** zusammen mit den **SES 16** lindert die Schmerzen bei der Geburt.

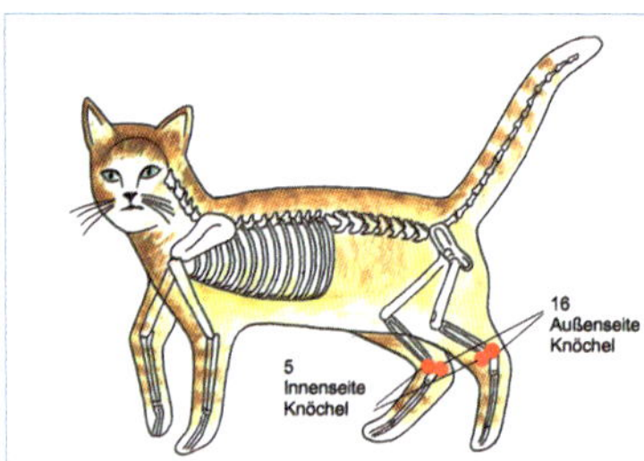

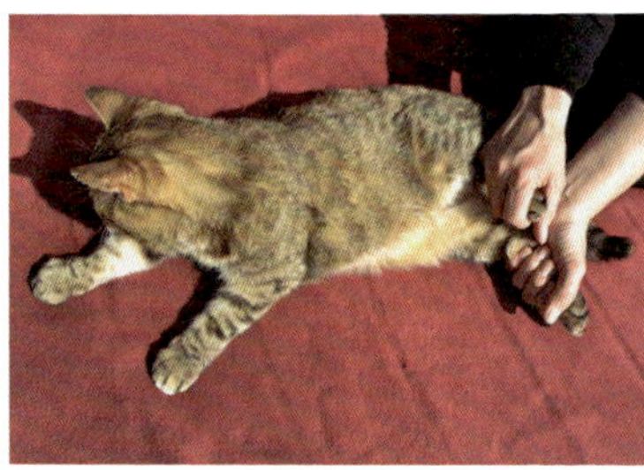

Geschlechtsorgane

Wehenschwäche oder zu heftige Wehen

Das **SES 1** (S. 121) bringt alles in Bewegung und fördert somit den gesamten Geburtsprozess. Wenn die Geburt stagniert oder wenn sie zu schnell voranschreitet, halten Sie das **SES 20** und das **SES 22.**

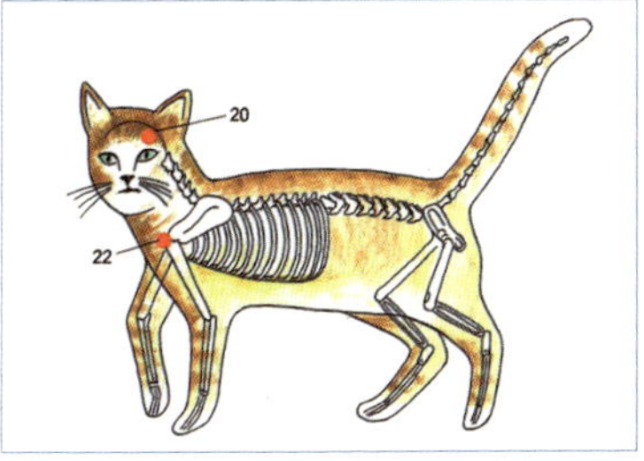

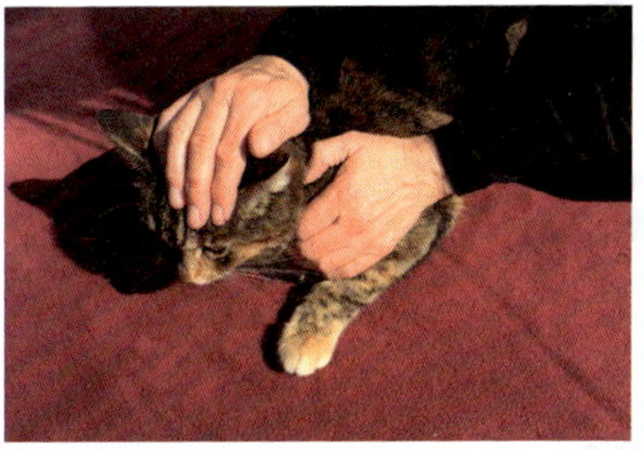

Neugeborenes: Probleme mit der Atmung

Wenn ein neugeborenes Kätzchen Probleme mit der Atmung hat, halten Sie **beide SES 4.**

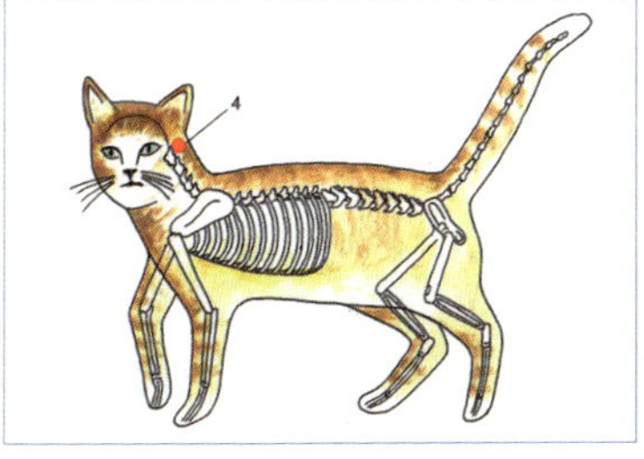

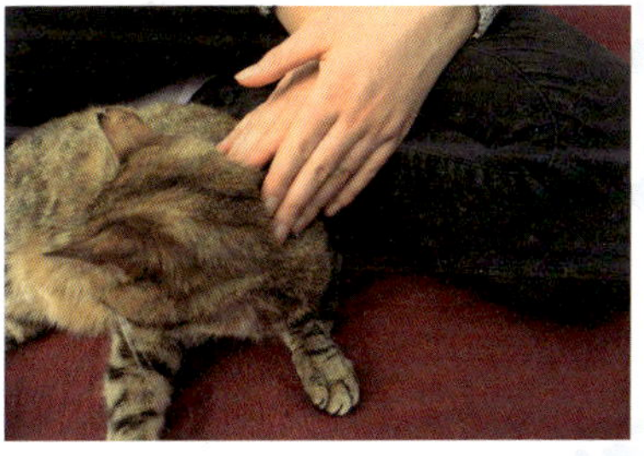

Milchmangel und Milchüberschuss

Der Milchfluss regelt sich meistens von selbst. Wenn dem nicht so ist, können Sie Ihre Katze unterstützen, indem Sie den **Milzstrom** (S. 32) anwenden.
Oder legen Sie eine Hand auf das **SES 22,** die andere Hand auf das **SES 14.**

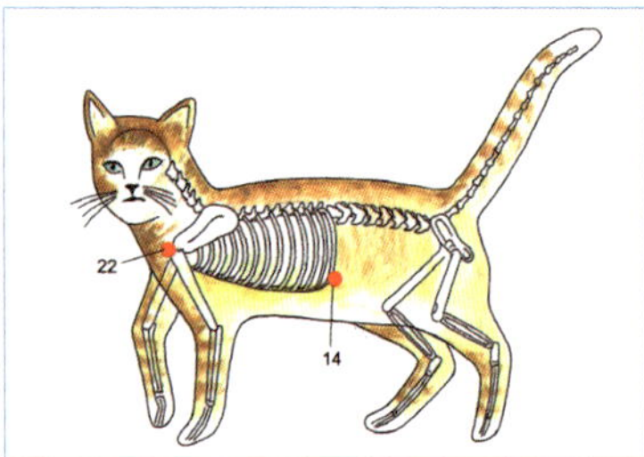

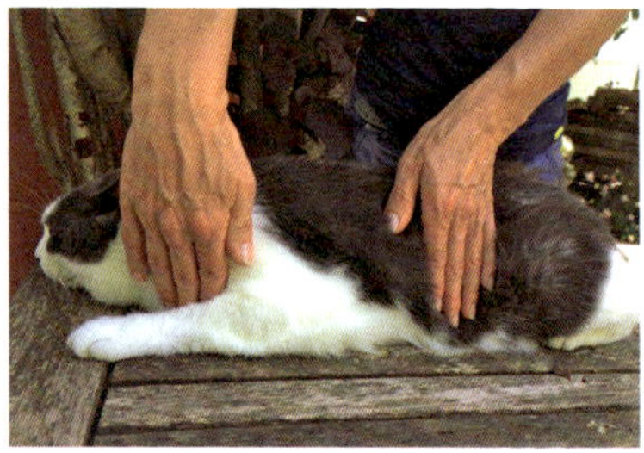

Entzündung des Gesäuges

Legen Sie zuerst eine Hand auf das **SES 3** und die andere Hand auf das **SES 15** (S. 59). Dann strömen Sie das **hohe SES 19** (ca. eine Pfotebreit oberhalb des SES 19) zusammen mit dem **hohen SES 1** (ca. eine Pfotebreit oberhalb des SES 1) auf der anderen Körperseite.

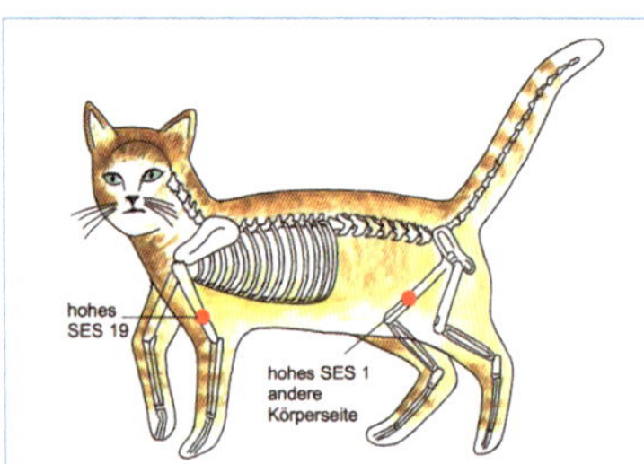

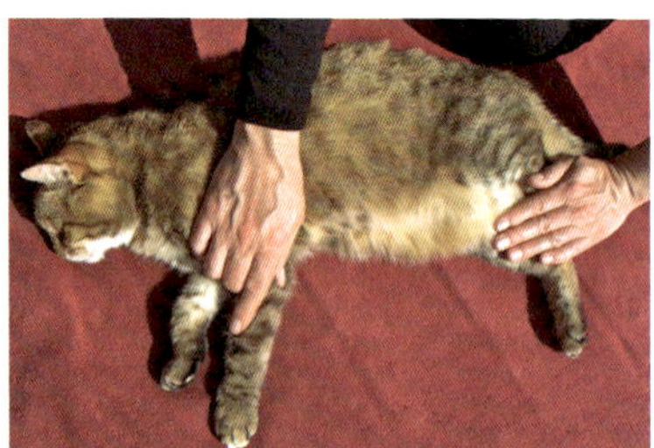

Scheinträchtigkeit

Halten Sie das **SES 10** und das **SES 13** erst auf der einen und dann auf der anderen Körperseite.

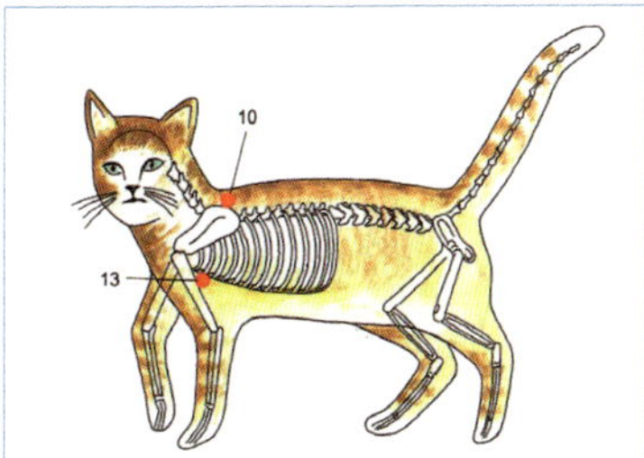

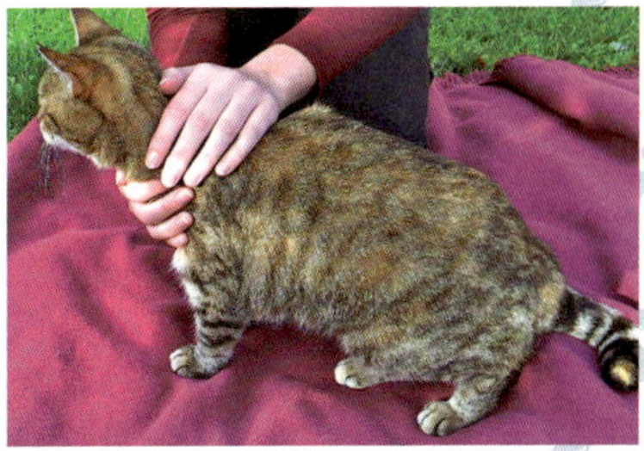

Haut und Fell

97 Haarausfall

97 Stumpfes Fell

98 Schuppen

98 Ekzeme

99 Furunkel und Abszesse

99 Juckreiz

100 Hautpilz

100 Allergien

Der **Magenstrom** (S. 36) ist der Haut- und Haarspezialist. Wenn Ihre Katze Haut- oder Fellprobleme hat, empfiehlt es sich, diesen Strom regelmäßig anzuwenden. Achten Sie auch auf eine gesunde und ausgewogene Ernährung.

Haarausfall

Strömen Sie außer dem **Magenstrom** (S. 36) auch das **SES 14** zusammen mit dem **SES 22** auf der anderen Körperseite.

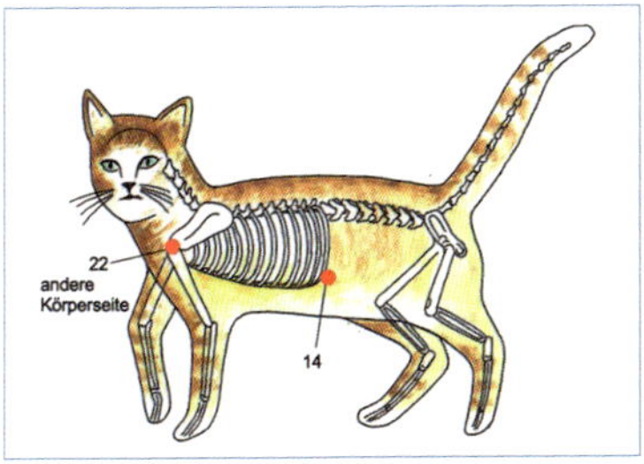

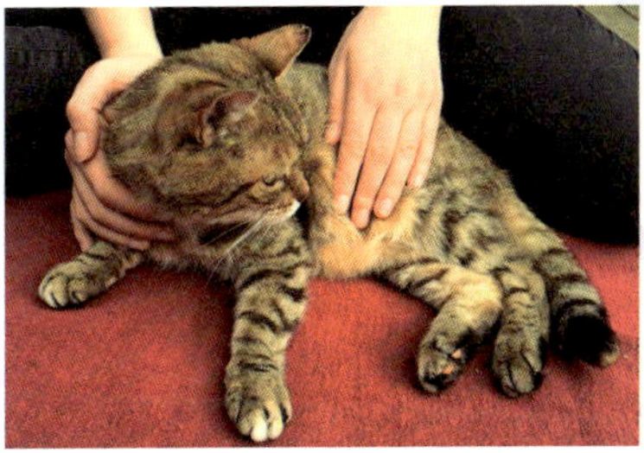

Mögliche Ursachen von Haarausfall können auch chronische Organerkrankungen, Parasiten, Pilze oder hormonelle Störungen sein. Lassen Sie die Ursache auf jeden Fall tierärztlich abklären!

Stumpfes Fell

Praktizieren Sie regelmäßig den **Milzstrom** (S. 32).

Schuppen

Harmonisieren Sie **Magen-** (S. 36) und **Milzstrom** (S. 32).

Ekzeme

Strömen Sie regelmäßig das **SES 3** zusammen mit dem **SES 19.**

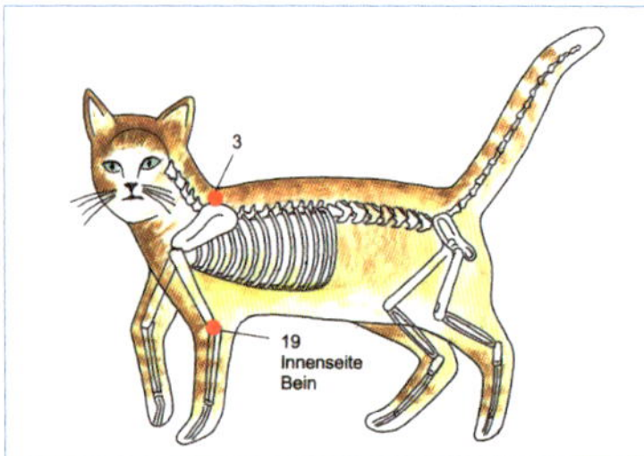

Oder halten Sie das **SES 14** zusammen mit dem **SES 22.**

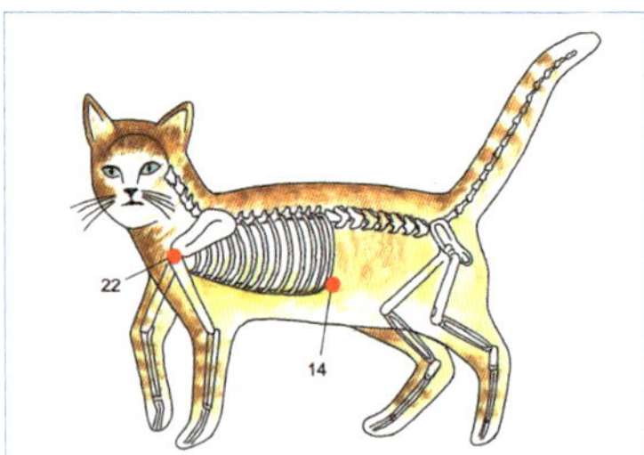

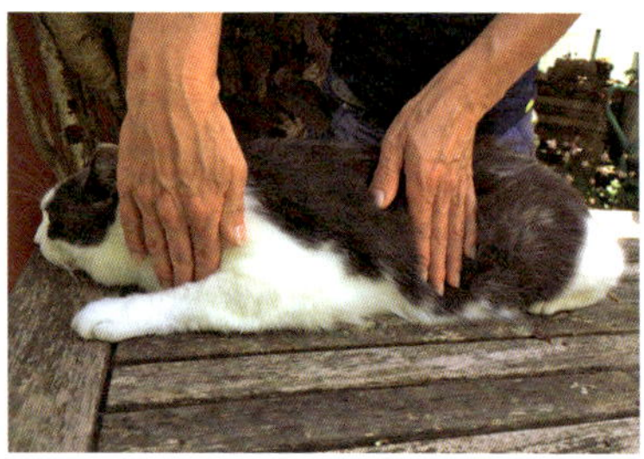

Furunkel und Abszesse

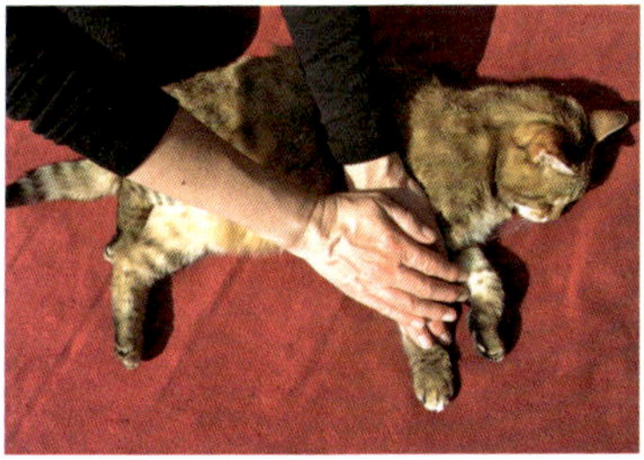

Bei Furunkeln und Abszessen legen Sie die linke Hand auf den **Abszess** und die rechte Hand auf die **linke Hand.**

Wenn Sie zu mehreren Leuten sind, können Sie auch einen »Händeberg« machen: Legen Sie Ihre linke Hand auf den **Abszess** und die rechte Hand auf die **linke Hand,** der Nächste legt seine linke Hand auf Ihre **rechte Hand** und seine rechte Hand auf seine **linke Hand** usw. Das beschleunigt den Heilungsprozess.

Juckreiz

Um Juckreiz zu lindern, strömen Sie das **SES 3** zusammen mit dem **SES 4.**

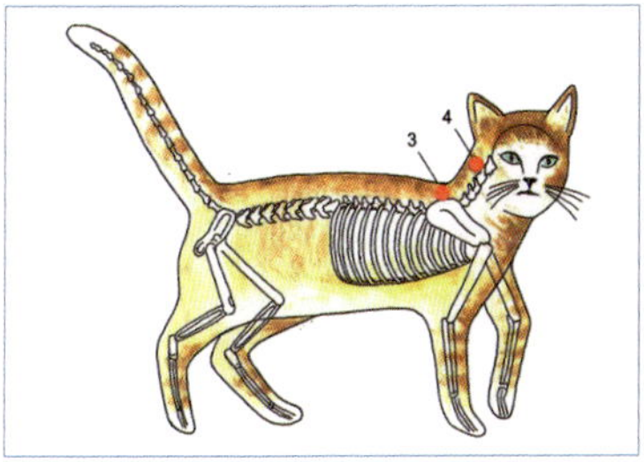

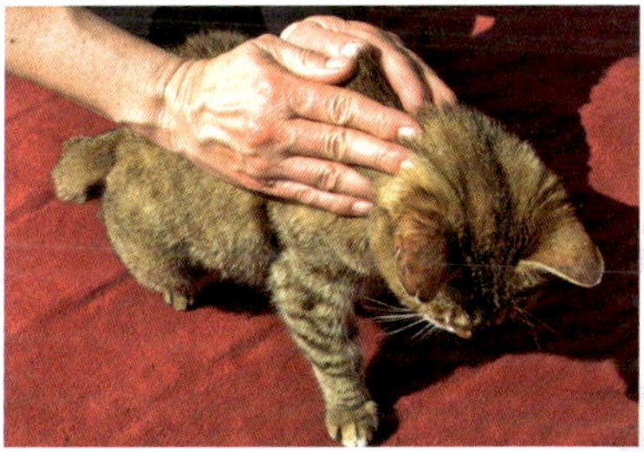

Hautpilz

Der **Milzstrom** (S. 32) wirkt unterstützend bei allen Pilzerkrankungen.

Allergien

Allergien und Unverträglichkeiten sind nicht nur beim Menschen, sondern inzwischen auch bei Katzen ein weitverbreitetes Thema. Es sind unterschiedliche Faktoren, die eine Allergie auslösen können, und oft können wir die Zusammenhänge nur vermuten. Das Immunsystem bekämpft Stoffe, die es eigentlich nicht bekämpfen sollte. Daher ist bei allen Allergien die Harmonisierung des Immunsystems ein wesentlicher Faktor.
Das SES 3 ist der Schlüssel zu einem intakten Immunsystem. Es ist sozusagen die Tür, die aufspringt, damit Viren und Bakterien den Körper wieder verlassen können, und durch die der Körper neue, gereinigte Energie empfangen kann.
Halten Sie das **SES 3** zusammen mit dem **SES 15.**

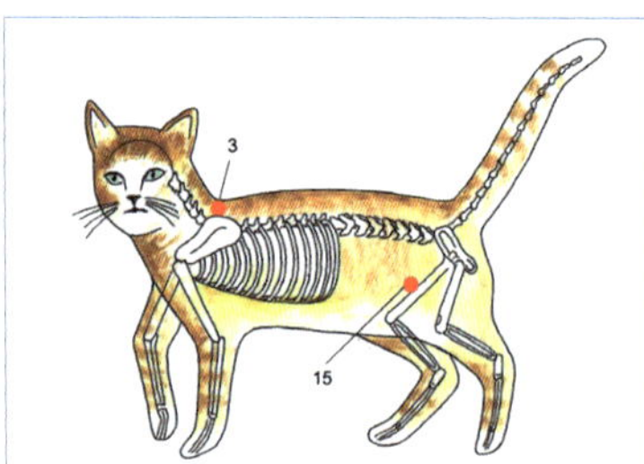

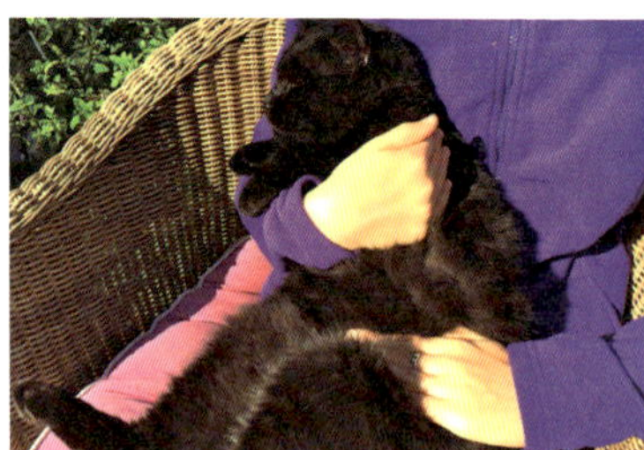

Auch der **Milzstrom** (S. 32) stärkt das Immunsystem. Ein weiterer wichtiger Griff bei Allergien ist folgender: Legen Sie eine Hand auf das **SES 19,** die andere Hand auf das **SES 1.**

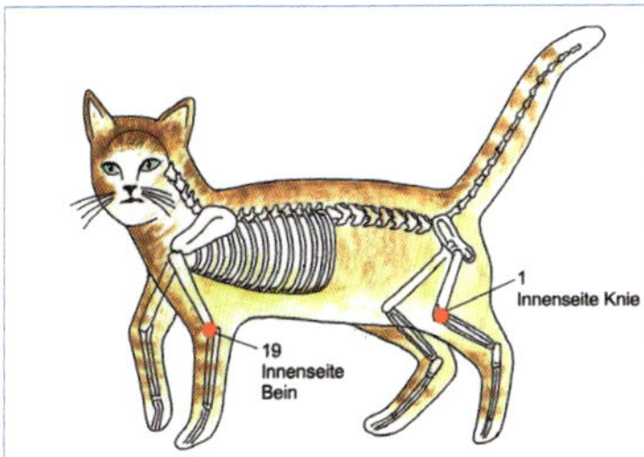

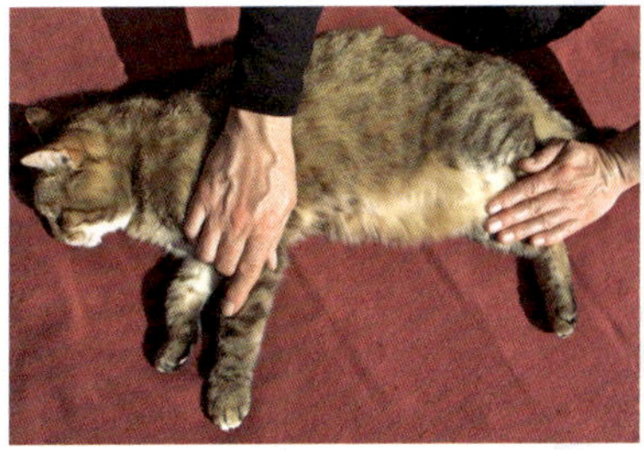

Ein wesentliches SES bei allen Unverträglichkeiten ist das **SES 22.** Halten Sie das **SES 22** zusammen mit dem **SES 14.**

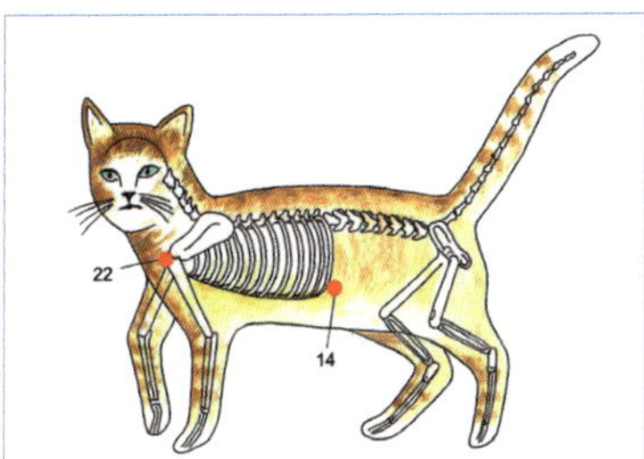

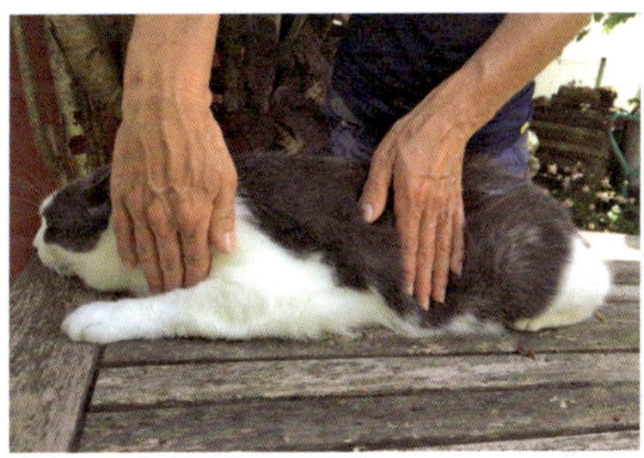

Sehr hilfreich ist auch der Griff zur **Ersten Zentrierung** (S. 19).

Gehirn

103 Epilepsie

104 Schlaganfall und Hirnblutung

Epilepsie

Epilepsie ist eine Anfallserkrankung, die vom Gehirn ausgeht. Die Anfälle zeigen sich als Schüttelkrämpfe, Muskelkrämpfe oder anhaltende Muskelanspannung und gehen meist mit Bewusstseinsverlust, Verhaltens- und Wesensänderungen, Harn- und Kotabsatz einher. Das kann von Fall zu Fall sehr unterschiedlich sein, je nach Stärke des Anfalls. Epilepsie kann angeboren sein (wobei die Tiere meist erst ab dem zweiten Lebensjahr erkranken) oder infolge anderer Erkrankungen auftreten.

Neben der tierärztlichen Behandlung können Sie Ihre Katze natürlich mit Strömen unterstützen: Halten Sie regelmäßig die **Hinterpfoten.**

Legen Sie eine Hand in den **Nacken**, die andere auf die **Stirn.**

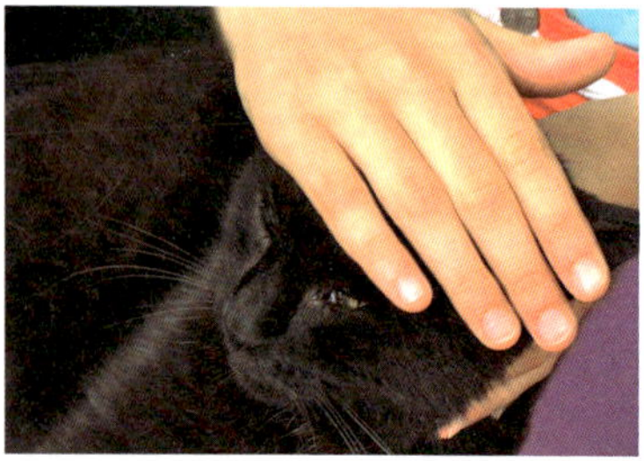

Halten Sie das **SES 12** zusammen mit dem **SES 14.**

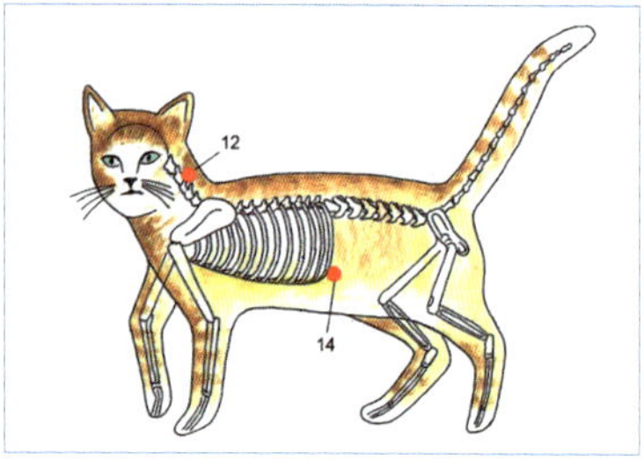

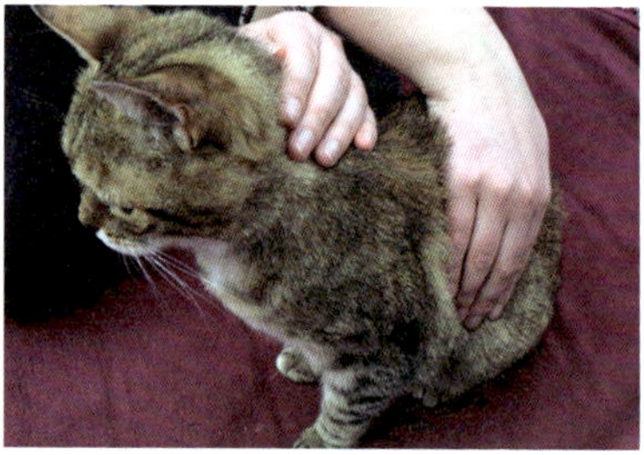

Schlaganfall und Hirnblutung

Diese kommen bei Katzen sehr selten vor, und wenn, dann meist im hohen Alter. Praktizieren Sie täglich den **Pfotenstrom** (S. 21).

Nervensystem

107 Muskelzucken
108 Lähmungen

Muskelzucken

Zuckungen der Muskulatur können als Begleitsymptom verschiedener neurologischer Erkrankungen vorkommen, z. B. Störungen im Nervensystem sowie in den Nervenzellen der Muskulatur. Lassen Sie es tierärztlich abklären.
Jedoch steckt nicht immer eine Krankheit dahinter. Muskelzuckungen sind oft harmlos. Manchmal liegt dem Symptom auch eine vorübergehende Nervenreizung zugrunde.

Strömen Sie das **SES 8** zusammen mit dem **SES 17.**

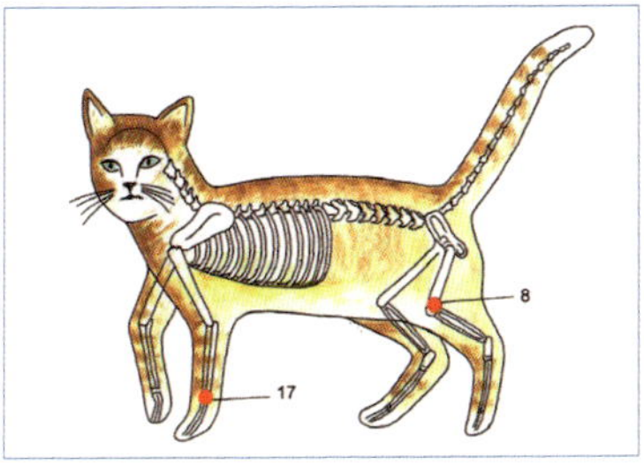

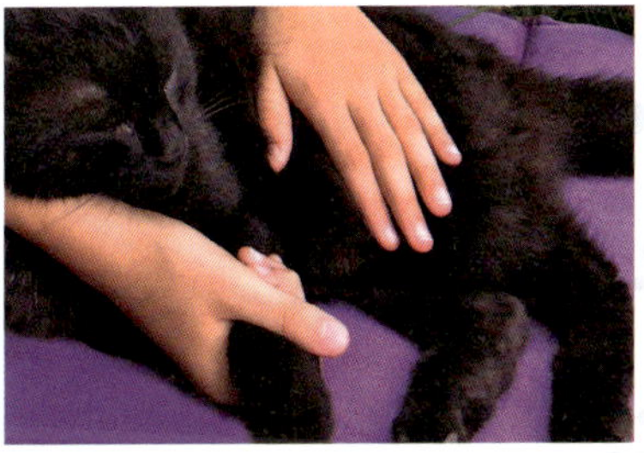

Lähmungen

Bei Lähmungen halten Sie nacheinander folgende Griffe:

Für die rechte Körperseite:

1. Schritt: Legen Sie die linke Hand auf das **rechte SES 4** und die rechte Hand auf das **rechte SES 13.**

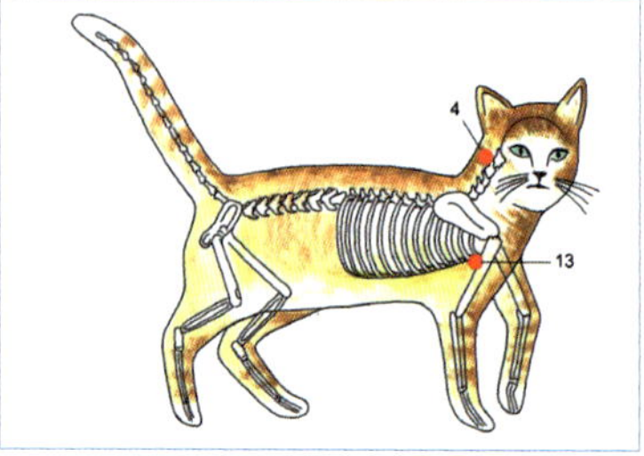

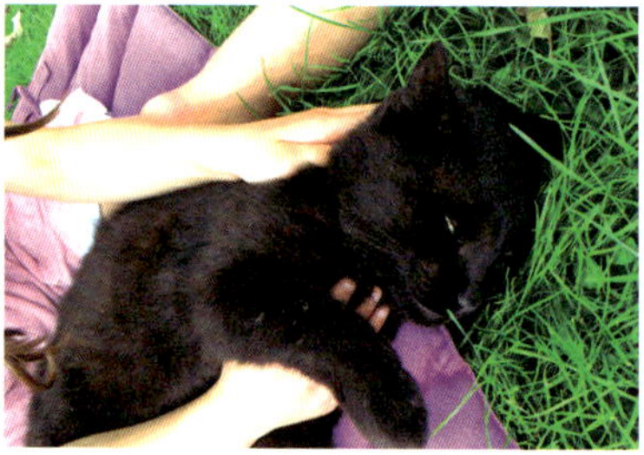

2. Schritt: Dann legen Sie die rechte Hand auf das **rechte SES 16** und die linke Hand auf das **rechte SES 15.**

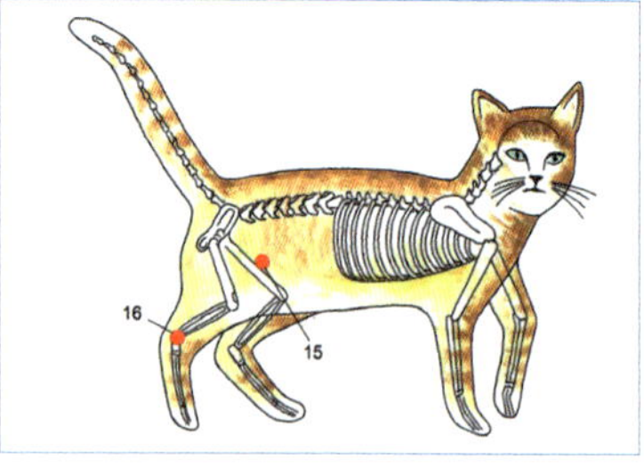

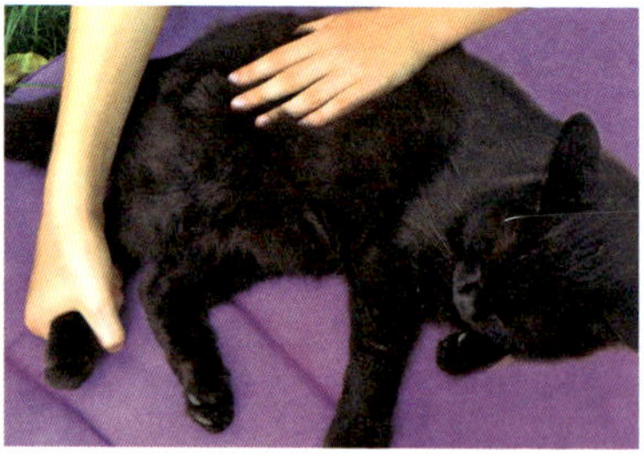

Nervensystem

Für die linke Körperseite machen Sie die Griffe umgekehrt:

1. Schritt: Legen Sie die rechte Hand auf das **linke SES 4** und die linke Hand auf das **linke SES 13.**

2. Schritt: Dann legen Sie die linke Hand auf das **linke SES 16** und die rechte Hand auf das **linke SES 15.**

Bewegungsapparat

111 Rücken und Wirbelsäule

112 Muskeln

112 Muskelkrämpfe

113 Bänder, Sehnen und Gelenke

113 Verstauchung und Zerrung
114 Stärkung der Bänder und Sehnen
114 Gelenkentzündung (Arthritis)
115 Gelenkabnutzung (Arthrose)

116 Knochen

116 Knochenbrüche
117 Stärkung der Knochen

Rücken und Wirbelsäule

Bei dem sogenannten Strömchiropraktiker handelt es sich um folgenden Griff: Legen Sie eine Hand auf das **SES 2**, und halten Sie mit der anderen erst die eine und dann die andere **Hinterpfote.**

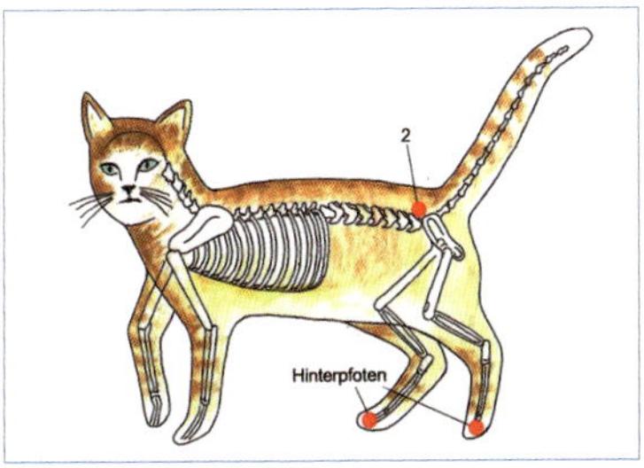

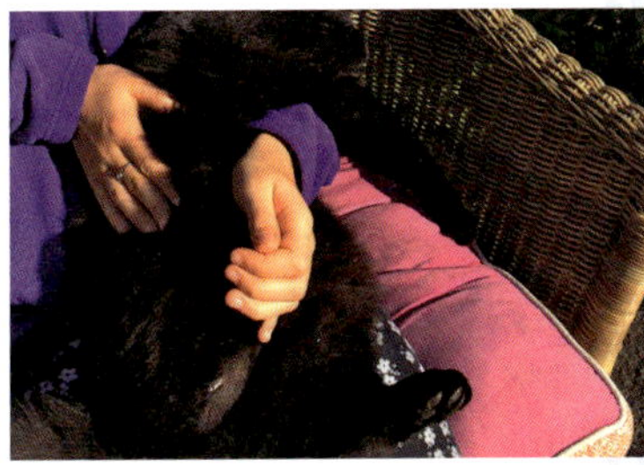

Ein wichtiger Strom für alles, was mit dem Rücken zu tun hat, ist der **Blasenstrom** (S. 41). Auch der **Pfotenstrom** (S. 21) harmonisiert Rücken und Bandscheiben.

Muskeln

Folgende Griffe unterstützen die Muskulatur und helfen bei Muskelentzündungen, Zerrungen, Überanstrengung, Zittern, zu hohem oder zu niedrigem Muskeltonus und Muskelschmerzen: Legen Sie eine Hand auf das **SES 8,** mit der anderen Hand halten Sie das **SES 5** zusammen mit dem **SES 16.**

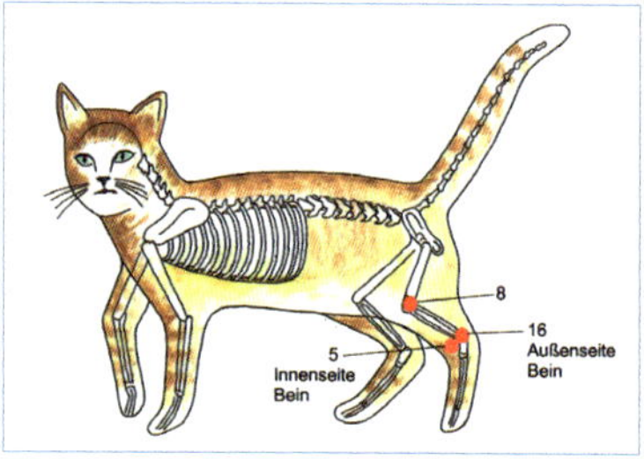

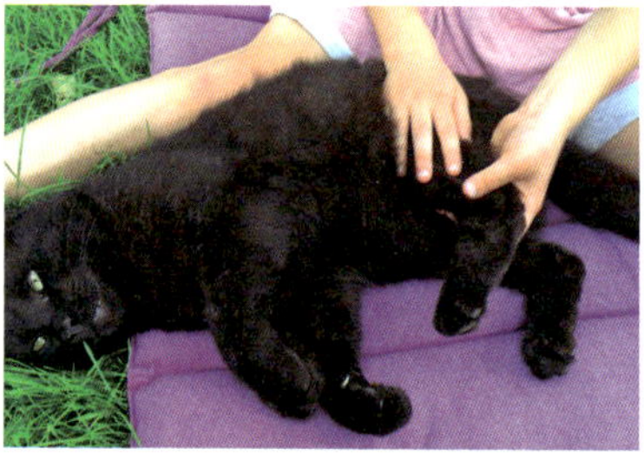

Muskelkrämpfe

Halten Sie **beide SES 8** oder **das SES 8** zusammen mit dem **SES 1** auf der anderen Körperseite.

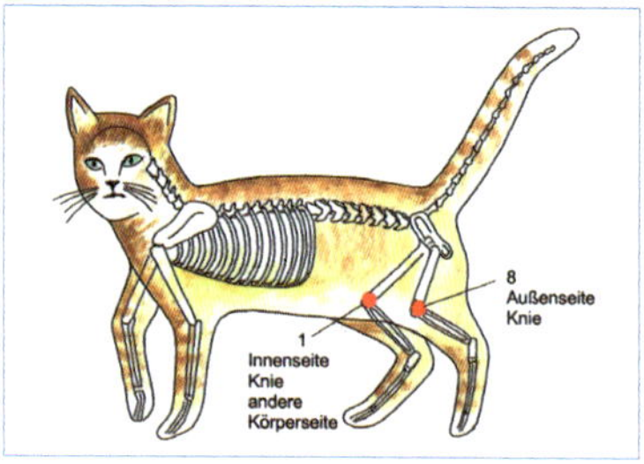

Bänder, Sehnen und Gelenke

Verstauchung und Zerrung

Bei einer Verstauchung der Vorderpfote halten Sie das betroffene Gelenk.

Bei einer Verstauchung der Hinterpfote halten Sie das **Vorderbein** auf der anderen Körperseite am ersten Gelenk, und mit der anderen Hand halten Sie das **SES 15** auf derselben Seite wie das Vorderbein.

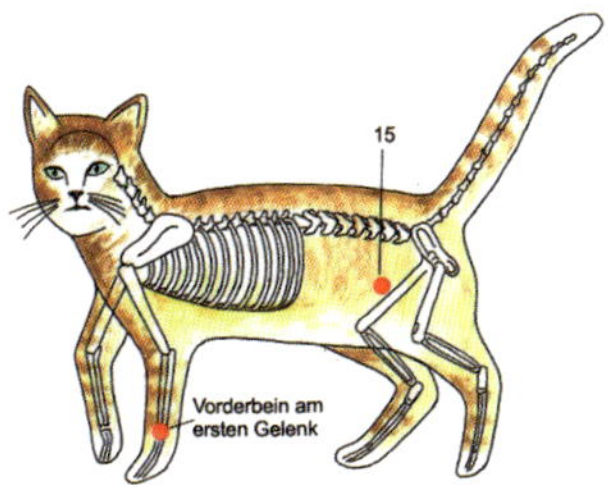

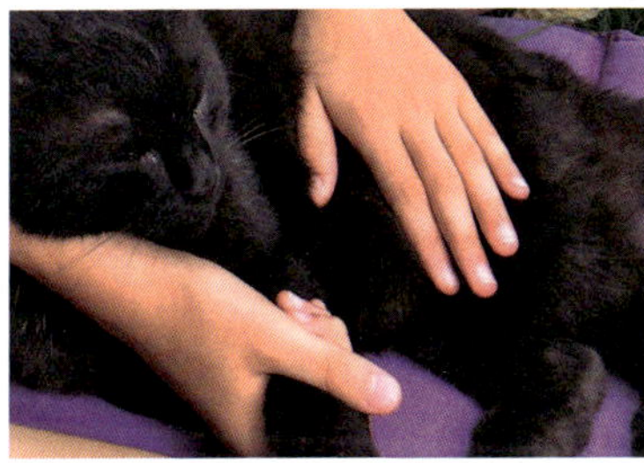

Oder legen Sie eine Hand auf die **betroffene Stelle,** die andere Hand auf das **SES 15** auf derselben Körperseite.

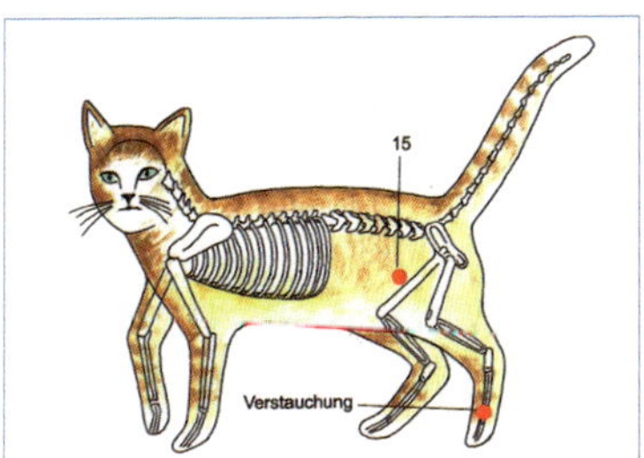

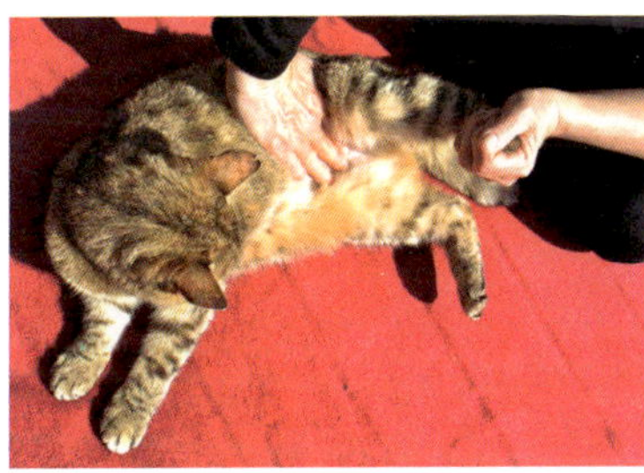

Stärkung der Bänder und Sehnen

Zur Stärkung von Bändern und Sehnen legen Sie eine Hand auf das **SES 4,** die andere Hand auf das **SES 22.**

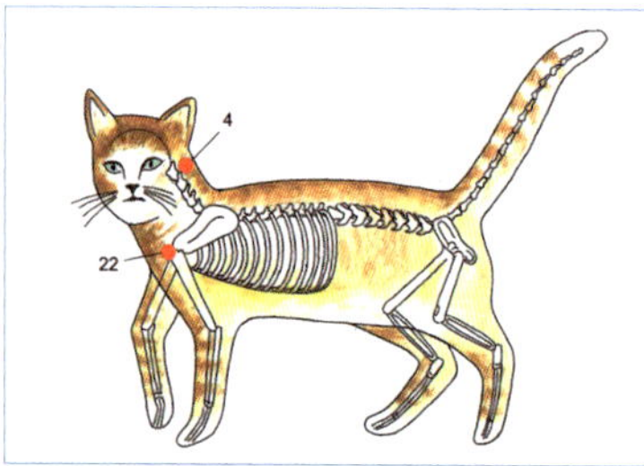

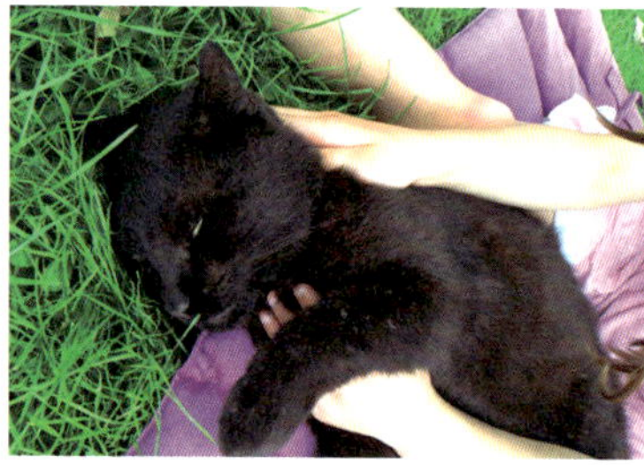

Gelenkentzündung (Arthritis)

Legen Sie eine Hand auf das **SES 12** und die andere Hand auf das **SES 14.**

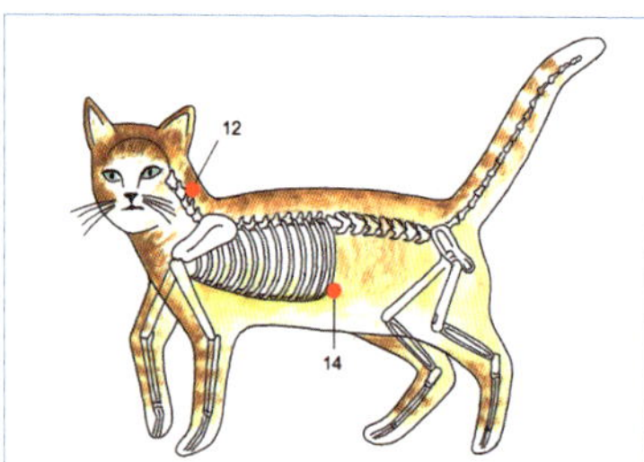

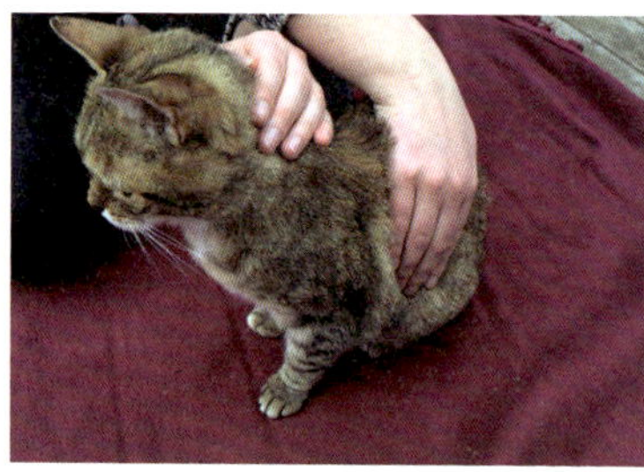

Um die Schmerzen zu lindern und die Entzündung zu heilen, halten Sie mit der einen Hand das **SES 5** und das **SES 16** und mit der anderen Hand das **SES 3.**

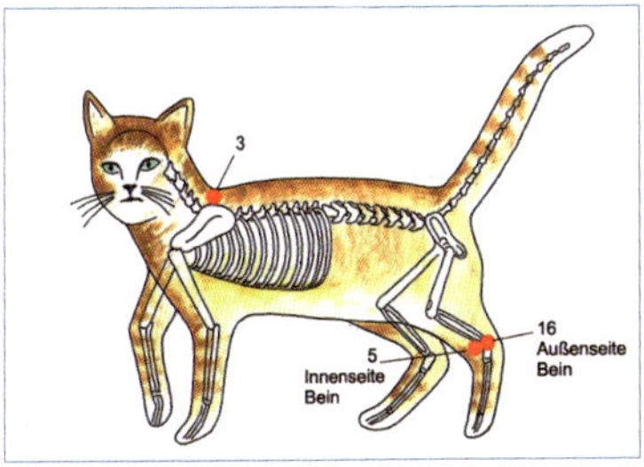

Gelenkabnutzung (Arthrose)

Strömen Sie das **SES 13** und das **SES 17.**

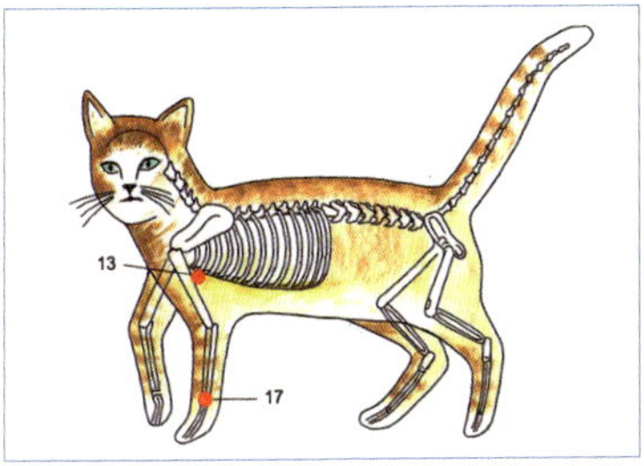

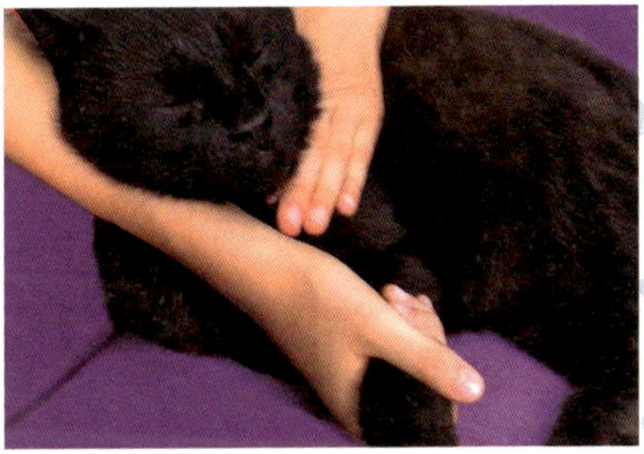

Das Strömen des **SES 1** bringt Bewegung und Beweglichkeit. Halten Sie **beide SES 1** (S. 49) oder das **SES 1** zusammen mit dem **hohen SES 19** (ca. eine Pfotebreit oberhalb des SES 19).

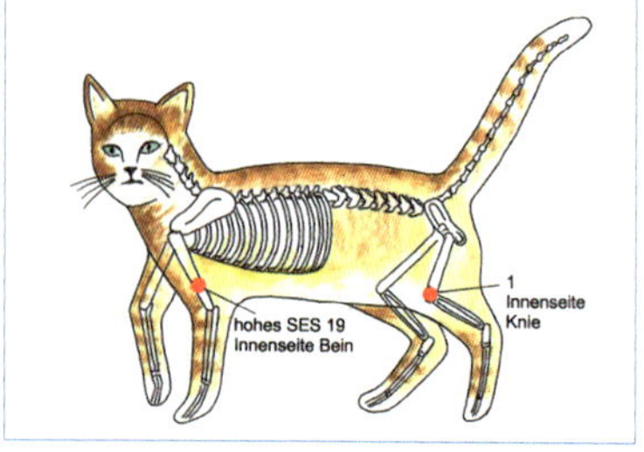

Knochen

Knochenbrüche

Zur Heilungsunterstützung bei Knochenbrüchen halten Sie das **SES 15.** Legen Sie dazu beide Hände in die Leistenbeugen. Sie können das **SES 15** auch zusammen mit dem **SES 3** strömen.

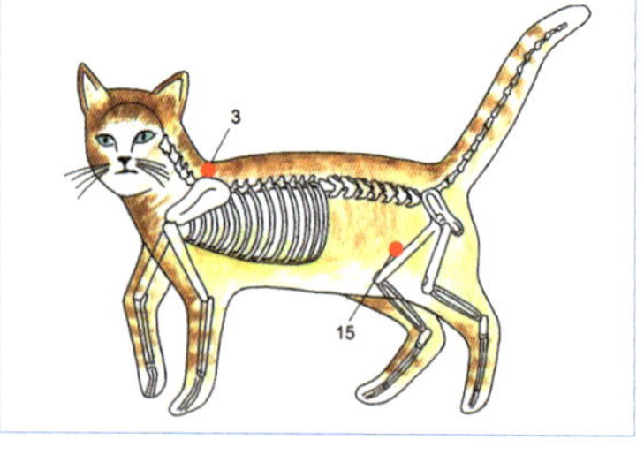

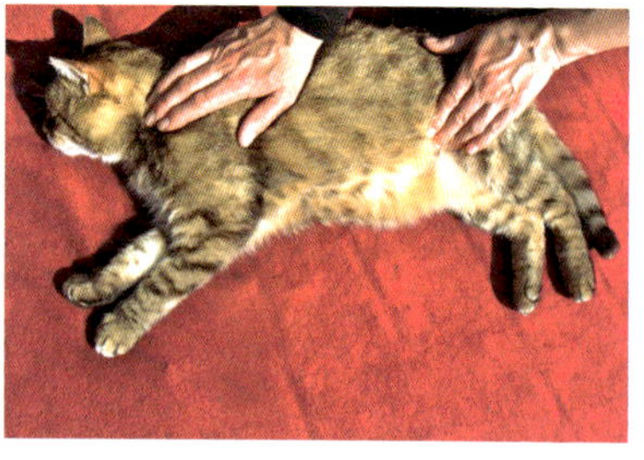

Stärkung der Knochen

Um die Knochen zu stärken, halten Sie das **SES 13** zusammen mit dem **SES 11** auf der anderen Körperseite.

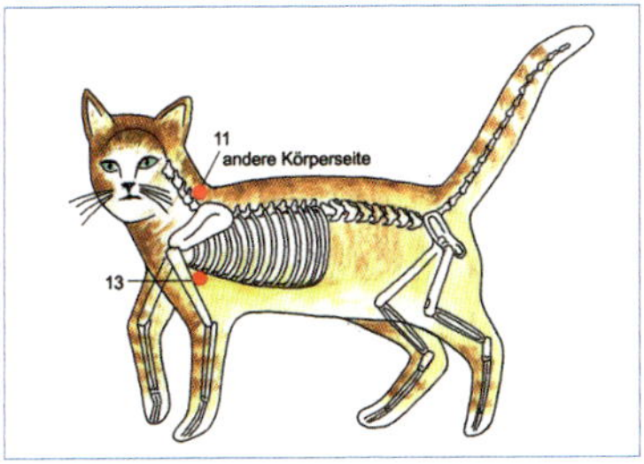

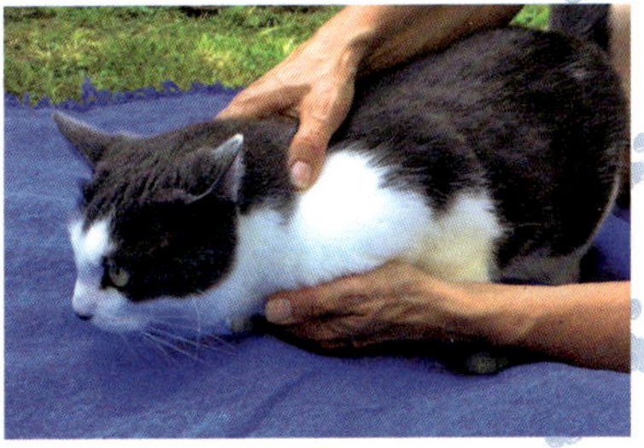

Immunsystem

Die Voraussetzung für Gesundheit und Lebenskraft ist ein intaktes Immunsystem. Sobald Sie Ihre Katze strömen, stärken Sie automatisch ihr Immunsystem und regen ihre Selbstheilungskräfte an. Das wichtigste SES für ein gut funktionierendes Immunsystem ist das SES 3. Denn wenn das SES 3 in Harmonie ist, können Bakterien und Viren, die sich eigentlich ständig im Körper befinden, auch wieder aus dem Körper hinaus und müssen sich nicht festsetzen und Krankheiten auslösen. Man kann auch beginnende Infekte stoppen und auflösen, indem man das **SES 3** zusammen mit dem **SES 15** hält (S. 59).

Weitere Ströme harmonisieren das Immunsystem sehr effektiv und kraftvoll:

- der Zentralstrom (S. 23)
- die Betreuerströme (S. 27)
- der Milzstrom (S. 32)

Oder halten Sie das **SES 19** zusammen mit dem **hohen SES 19.**

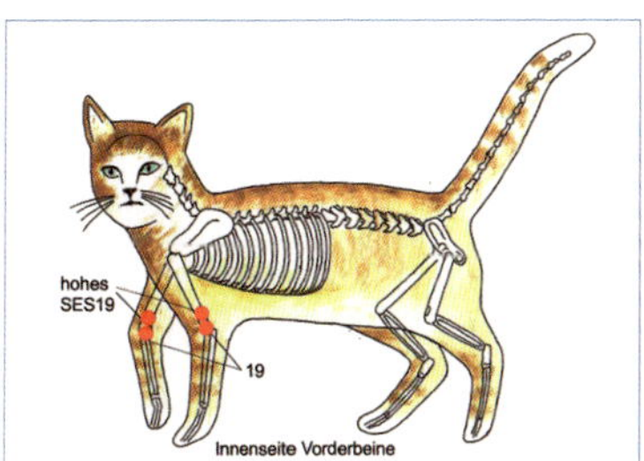

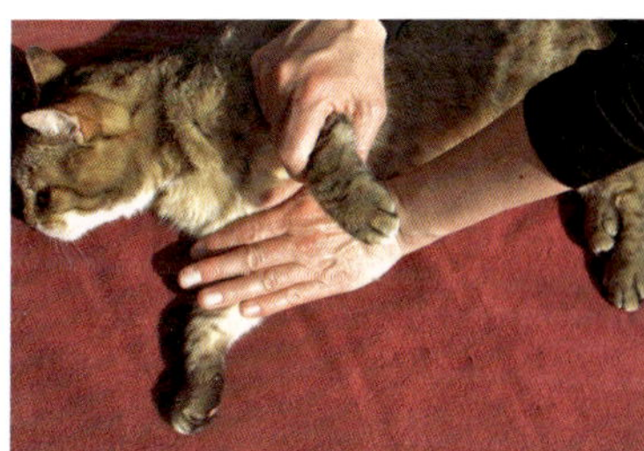

Geschwülste und Tumore

Wo Bewegung ist, können sich keine Ansammlungen festsetzen. Strömen bringt den Energiefluss wieder in Bewegung, sodass sich Altes und Verhärtetes lösen können. Jin Shin Jyutsu harmonisiert das ganze Wesen und bringt nach und nach alles wieder ins Gleichgewicht – auch das Zellwachstum.

Das **SES 1,** der Urbeweger, bringt alles in Bewegung und löst Ansammlungen auf.

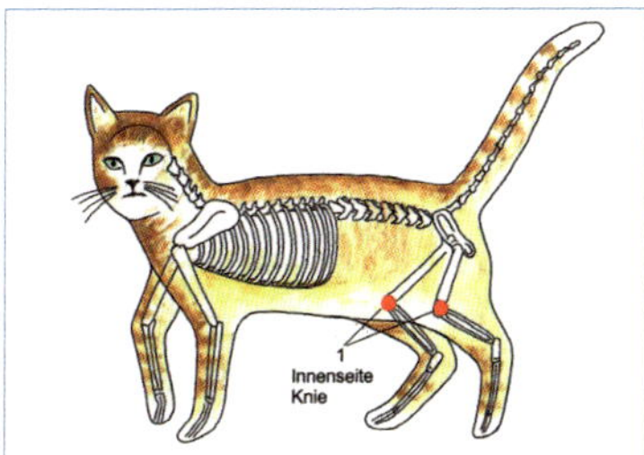

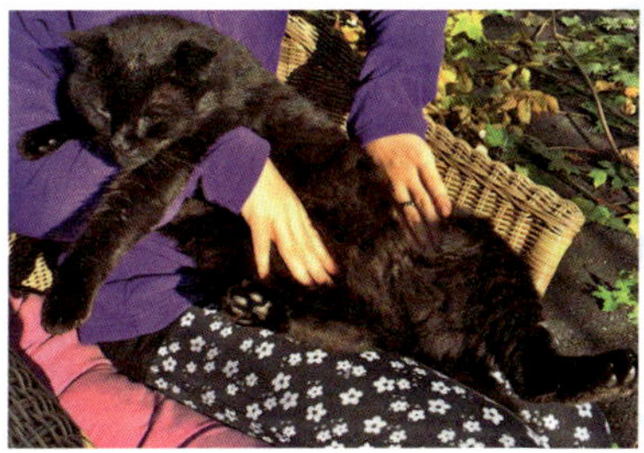

Der **Milzstrom** (S. 32) bringt das Licht in jede Zelle und kann Tumore und Ansammlungen auflösen. Wenden Sie regelmäßig den **Zentralstrom** (S. 23) an.

Um die Zellerneuerung zu unterstützen, halten Sie das **SES 20** und die Rückseite des **SES 19** auf der anderen Körperseite.

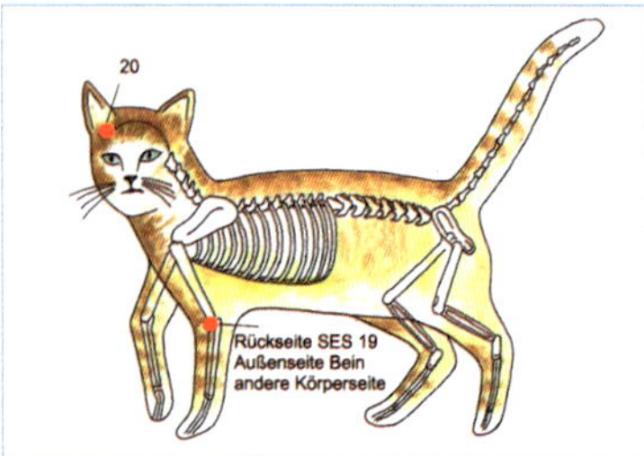

Praktizieren Sie regelmäßig die **Betreuerströme** (S. 27).
Ein wichtiger Strömgriff bei bösartigen Tumoren ist folgender: Legen Sie eine Hand auf das **SES 24** (harmonisiert Chaos) und die andere Hand auf das **SES 26**. Dies ist auch ein wirksamer Griff bei Zysten.

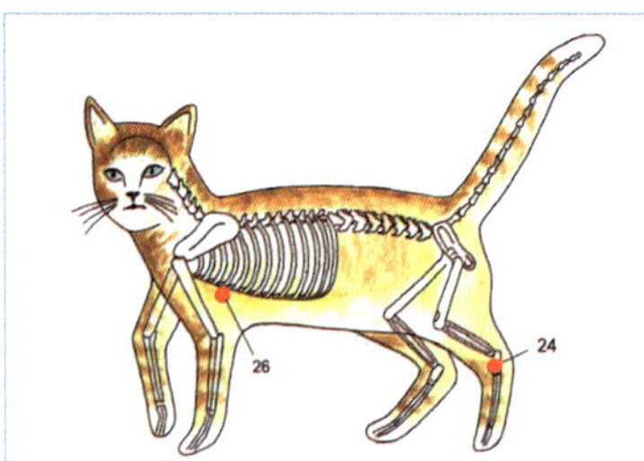

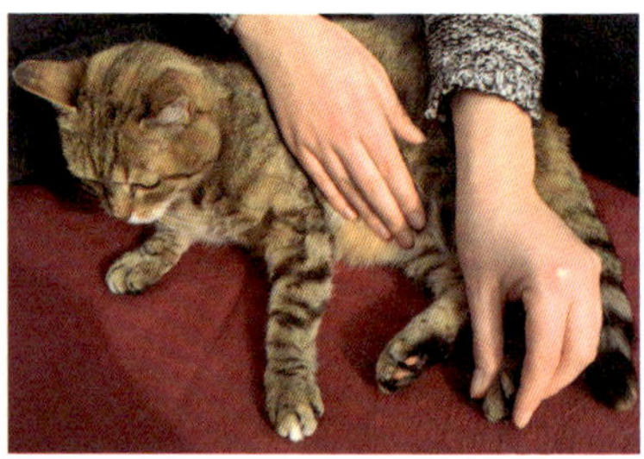

Ödeme

Um Ödeme aufzulösen, wenden Sie den **Blasenstrom** (S. 41) an.

Infektionskrankheiten

Infektionskrankheiten

Wenn Ihre Katze an einer Infektionskrankheit wie Katzenseuche, Felines Leukämievirus, Felines Immunschwächevirus oder Feline infektiöse Peritonitis erkrankt ist, gehört sie auf jeden Fall in die Hände eines Tierarztes.

Zur Vorbeugung können Sie das Immunsystem (S. 119) Ihrer Katze durch Strömen unterstützen und ihr somit die Chance geben, bestmöglich mit allen Widrigkeiten umzugehen.

Verhalten und Psyche

127 Ängste und Panik

127 Unsicherheiten und Nervosität

128 Schreckhaftigkeit

128 Futterneid

128 Zankerei und Aggression

129 Vernachlässigung und Misshandlung

130 Lärmempfindlichkeit

Ängste und Panik

Ein wichtiger Strom bei Ängsten ist der **Zentralstrom** (S. 23). Er bringt alles wieder in die Mitte und schenkt tiefes Vertrauen.

Legen Sie eine Hand in den Bereich **beider SES 4, 12** und **11** (in den Nacken), die andere Hand auf **beide SES 22** (unter die Schlüsselbeine).

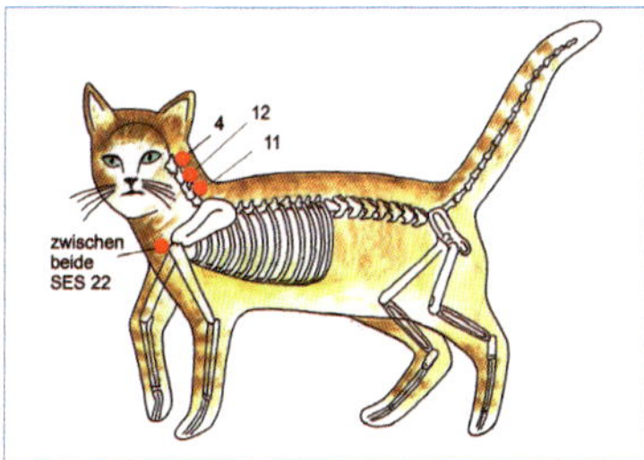

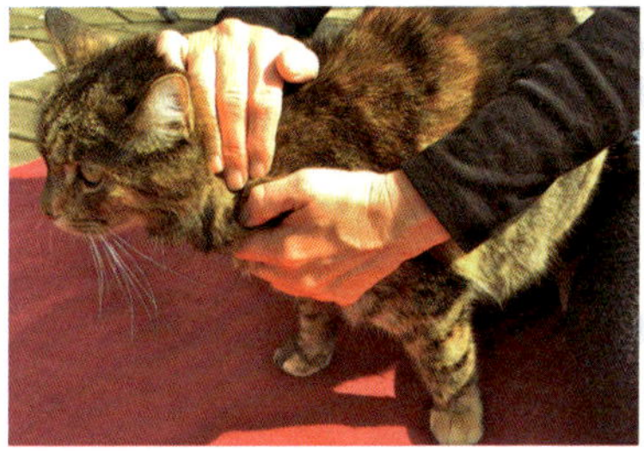

Unsicherheiten und Nervosität

Bei sehr unsicheren oder auch nervösen Katzen wenden Sie regelmäßig den **Zentralstrom** (S. 23) an, und halten Sie **beide SES 17** zusammen mit **beiden SES 18.**

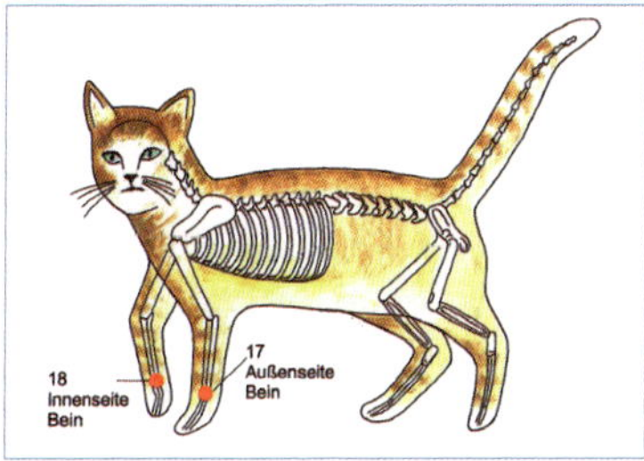

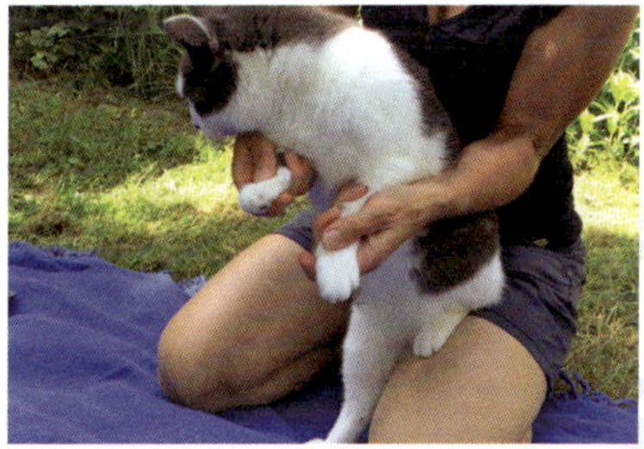

Schreckhaftigkeit

Auch hier hilft der **Zentralstrom** (S. 23). Oder legen Sie eine Hand auf das **SES 23,** die andere Hand auf das **SES 26.**

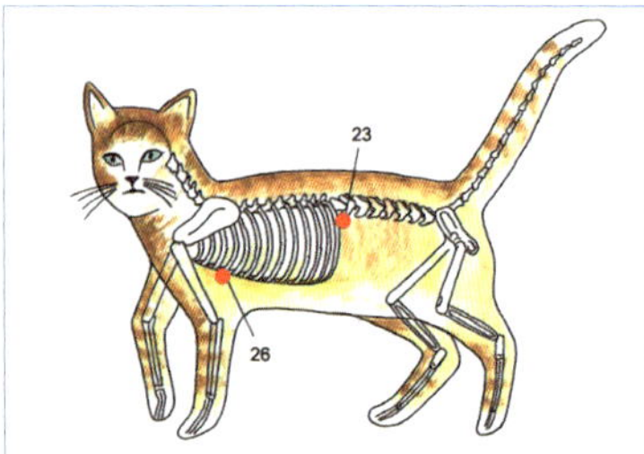

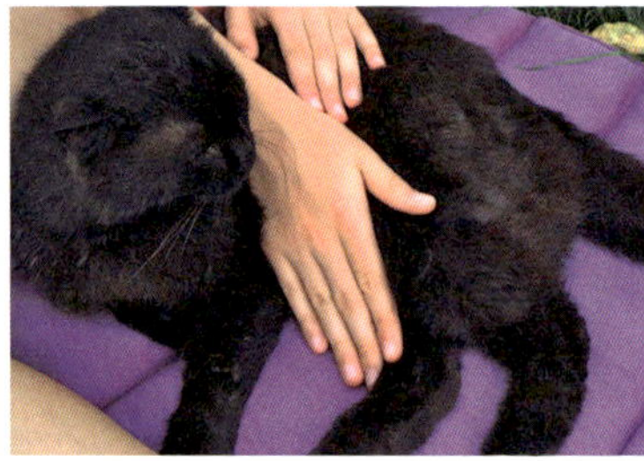

Futterneid

Halten Sie das **SES 14** und das **hohe SES 19** (ca. eine Pfotebreit oberhalb des SES 19).

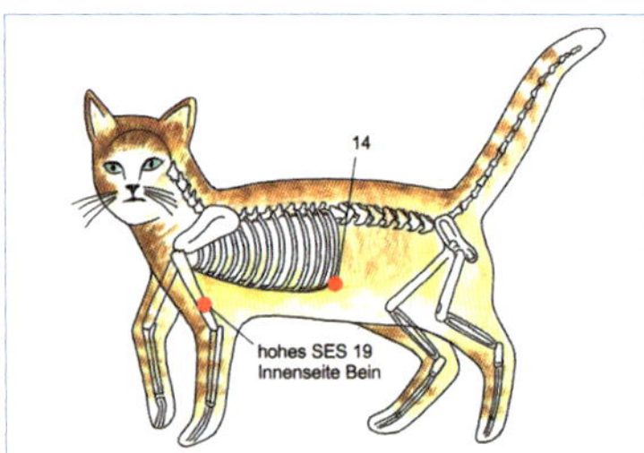

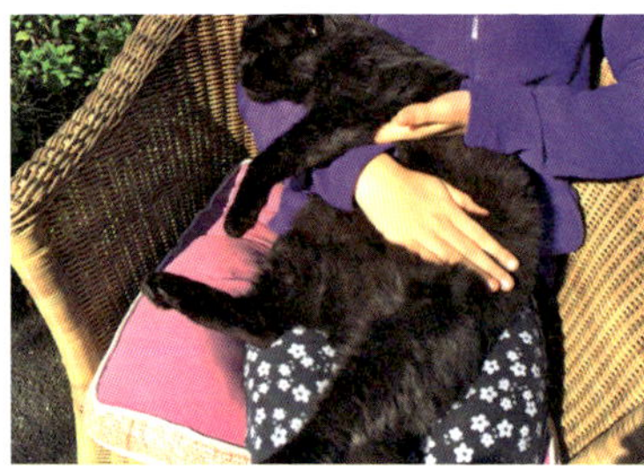

Zankerei und Aggression

Ist Ihre Katze schnell in Zankereien verwickelt, sorgen Sie für eine gute Grundharmonisierung, z. B. durch den **Zentralstrom** (S. 23).

Halten Sie das **SES 24** zusammen mit dem **SES 26.**

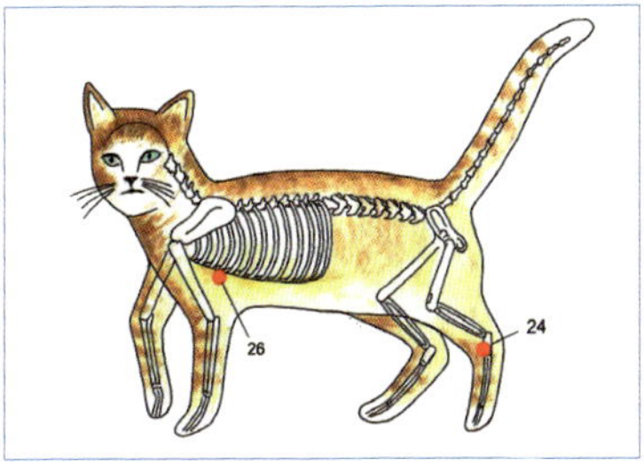

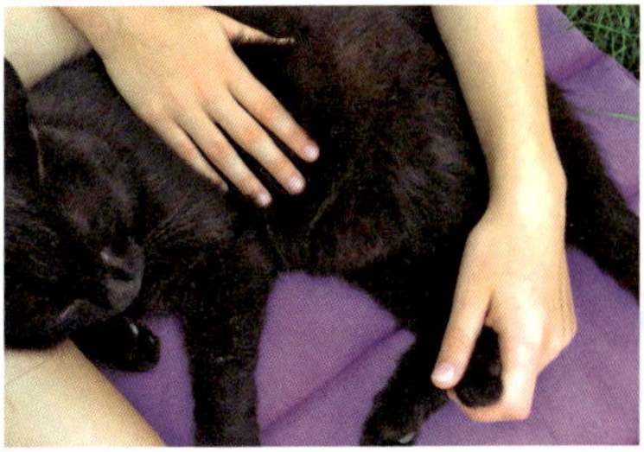

Legen Sie eine Hand auf **beide SES 4** (in den Nacken) und die andere Hand auf **beide SES 22** (unter die Schlüsselbeine).

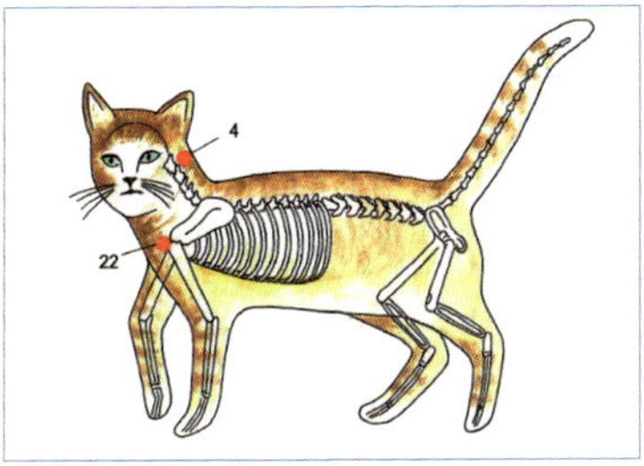

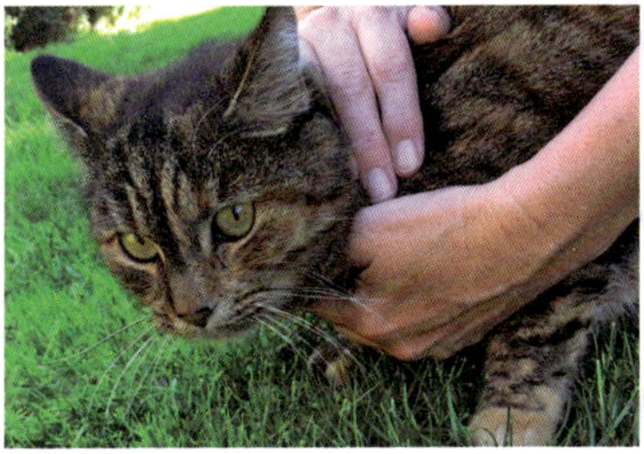

Vernachlässigung und Misshandlung

Wurde Ihre Katze an ihrem vorherigen Platz vernachlässigt, können Sie die Disharmonie mit dem **Milzstrom** (S. 32) ausgleichen.
Der Griff zur **Ersten Zentrierung** (S. 19) hilft der Katze, negative Erfahrungen nach und nach zu verarbeiten.

Lärmempfindlichkeit

Ist Ihre Katze sehr lärmempfindlich, strömen Sie mit der einen Hand das **SES 22** zusammen mit dem **SES 13**, und legen Sie die andere Hand auf das **SES 17.**

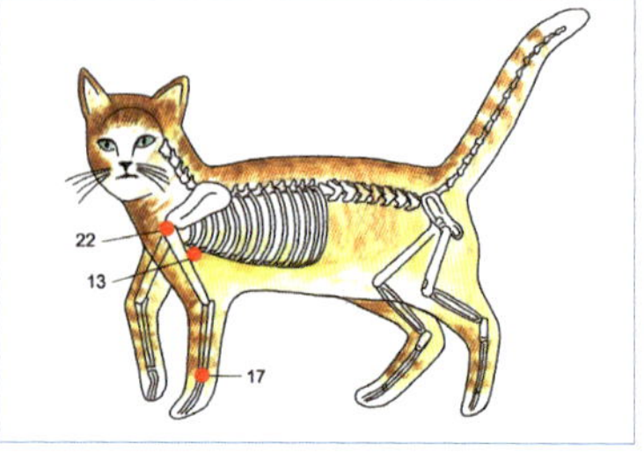

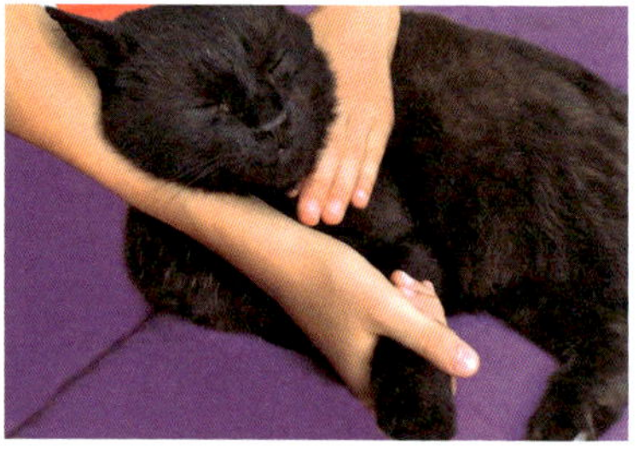

Auch der **Milzstrom** (S. 32) hilft bei Überempfindlichkeit aller Art.

Verletzungen und Notfälle

133 Wunden und Bisse
134 Stiche, Splitter, Dorn
134 Verbrennungen
134 Gehirnerschütterung
135 Knochenbrüche
135 Prellungen
135 Schock
136 Vergiftungen
136 Hitzschlag und Sonnenstich
137 Verschlucken und Atemnot
137 Operationen
138 Schmerzen
138 Sterbehilfe

Wunden und Bisse

Bei blutenden Wunden legen Sie die rechte Hand auf oder leicht über die **Wunde** oder den Wundverband und die linke Hand auf die **rechte Hand** (linkes Foto). Die rechte Hand zuerst aufgelegt, hält im Körper, was im Körper bleiben soll.

Bei eitrigen Wunden legen Sie die linke Hand auf oder über die **Wunde** und die rechte Hand auf die **linke Hand** (rechtes Foto). Die linke Hand zuerst aufgelegt, zieht das, was raus muss, aus dem Körper.

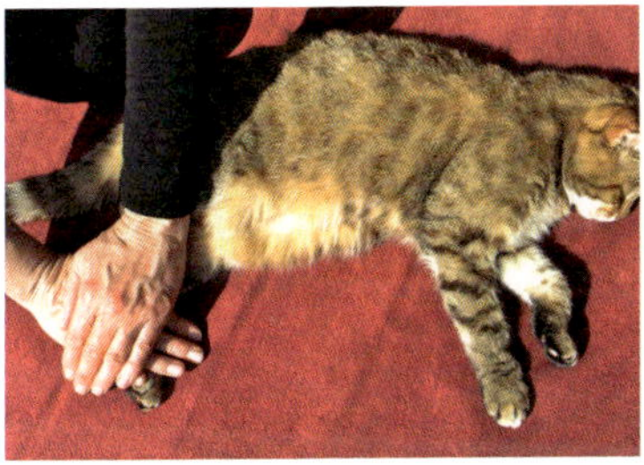

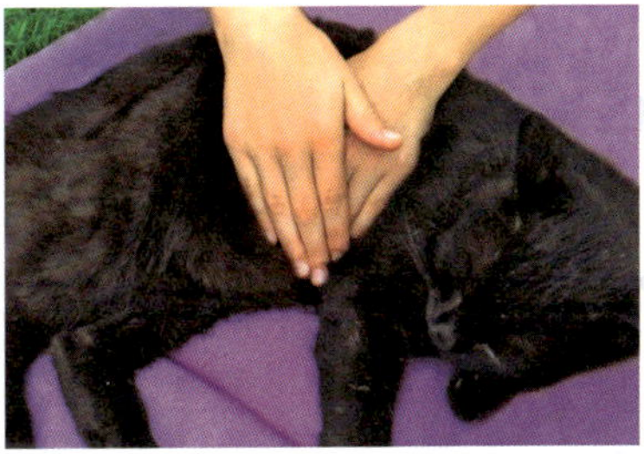

Wichtig: Machen Sie sich keine Sorgen, dass Sie links und rechts verwechseln könnten und dann genau das Gegenteil von dem, was Sie beabsichtigen, passieren könnte. Strömen ist immer an die Körperintelligenz gekoppelt. Wenn Sie z. B. die Hände verwechseln, dreht das der Körper für sich um – dann dauert es vielleicht etwas länger, bis die Wirkung eintritt, aber sonst passiert nichts.

Stiche, Splitter und Dornen

Legen Sie die linke Hand auf oder über die **betroffene Stelle** und die rechte Hand auf die **linke Hand.**

Verbrennungen

Legen Sie beide Hände nebeneinander auf oder über die **betroffene Stelle.**

Gehirnerschütterung

Halten Sie zuerst **beide SES 4.**

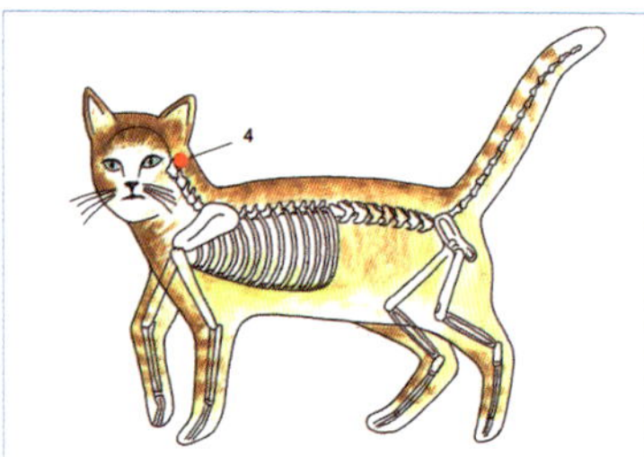

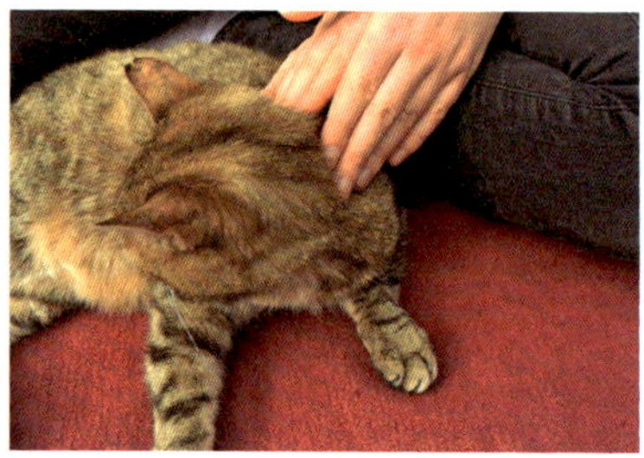

Halten Sie danach **beide Hinterpfoten.**

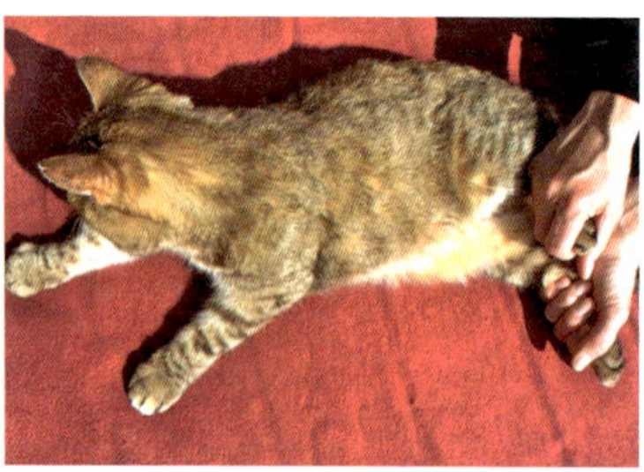

Knochenbrüche

Legen Sie die Hände auf **beide SES 15**, oder legen Sie eine Hand auf den **Bruch**, die andere Hand auf das **SES 15** auf derselben Körperseite.

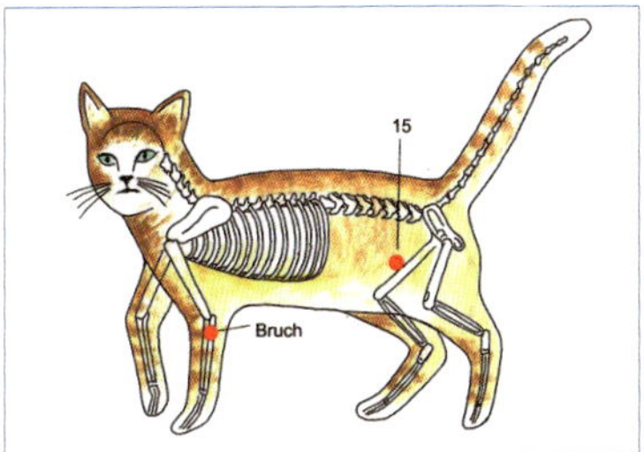

Prellungen

Legen Sie die rechte Hand auf die **betroffene Stelle** und die linke Hand auf die **rechte Hand.**

Schock

Ein Schock ist eine lebensbedrohliche Erkrankung des Kreislaufsystems. Ein betroffenes Tier gehört auf jeden Fall in die Hände eines Tierarztes! Ein Schock kann verschiedene Ursachen haben, z. B. Hitzschlag, Verletzung mit starkem Blutverlust, Rauferei, Vergiftung, Allergie, Unfall etc.
Eine Katze im Schockzustand ist meist ruhig, sie atmet schnell und flach, der Puls ist beschleunigt und schwach. Die normalerweise rosa Schleimhäute sind sehr blass, und die Katze fühlt sich kühl an.

Bringen Sie die Katze zum Tierarzt, und strömen Sie **beide SES 1** überkreuz.

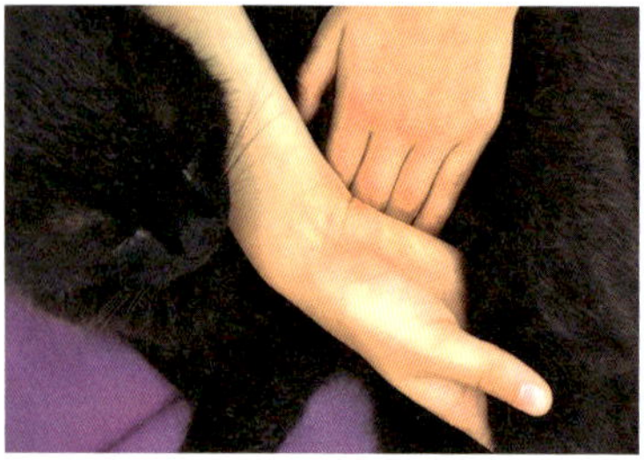

Vergiftungen

Auch bei Vergiftungen muss sofort der Tierarzt aufgesucht werden. Als Erste Hilfe halten Sie **beide SES 1** überkreuz (siehe oben).

Halten Sie zusätzlich das **SES 21** und das **SES 23.**

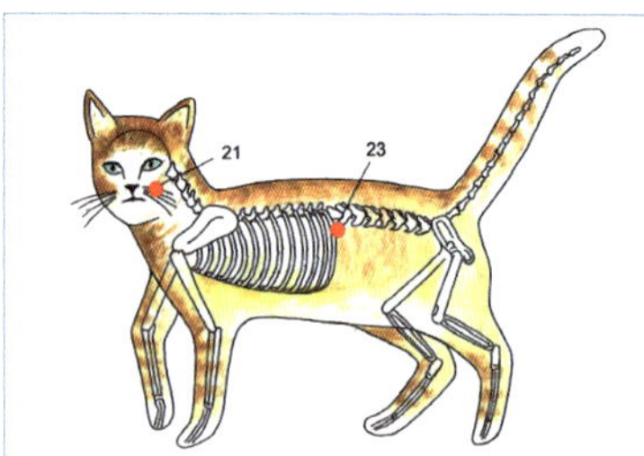

Hitzschlag und Sonnenstich

Wichtig: Kühlen Sie die Katze niemals zu schnell ab! Bringen Sie sie an einen schattigen Platz, befeuchten Sie ihr Fell mit einem Tuch. Bieten Sie ihr Wasser an, oder tropfen Sie ihr ein wenig davon auf die Zunge. Die Erste-Hilfe-Griffe bei zu viel Sonne oder Hitze sind: Halten Sie **beide SES 4** (S. 134). Halten Sie **beide SES 7** (S. 16).

Verschlucken und Atemnot

Halten Sie **beide SES 1** oder das **SES 1** zusammen mit dem **SES 2.**

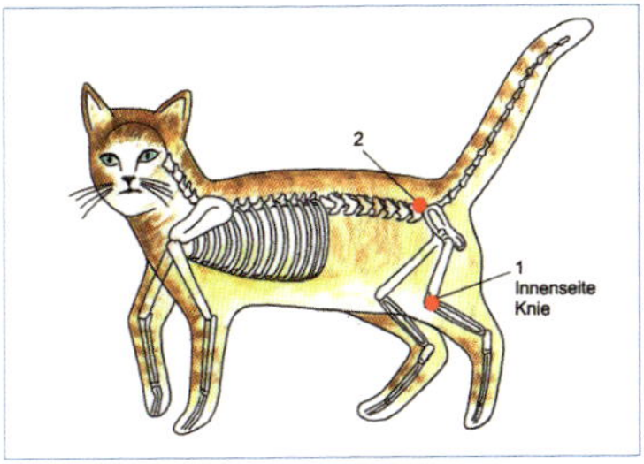

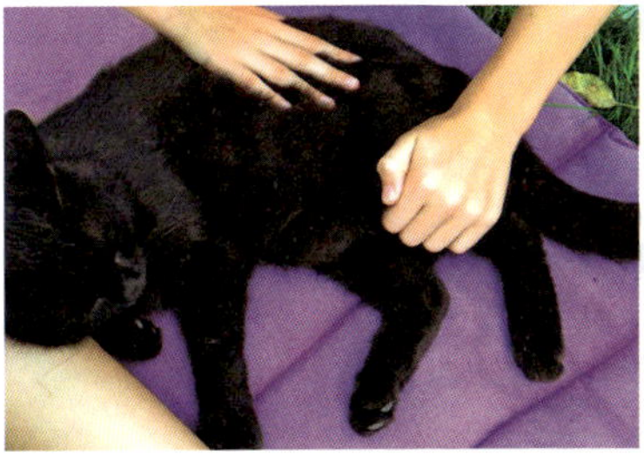

Operationen

Halten Sie vor und nach Operationen **beide SES 15.**

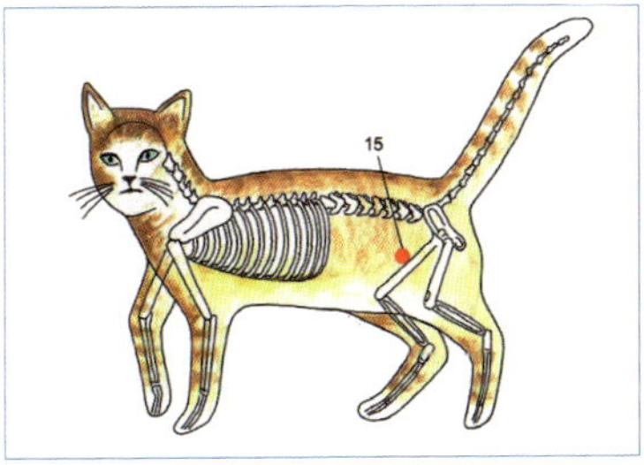

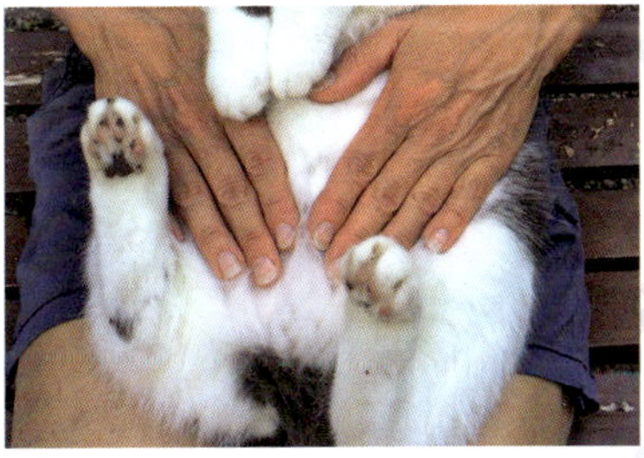

Schmerzen

Sie können alle Arten von Schmerzen lindern, indem Sie die **SES 5** zusammen mit den **SES 16** halten.

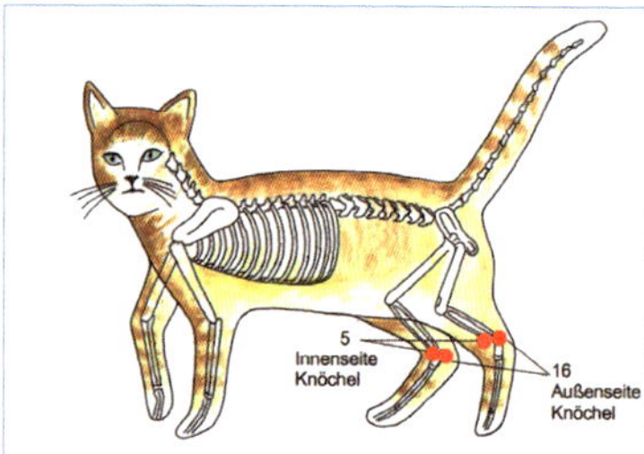

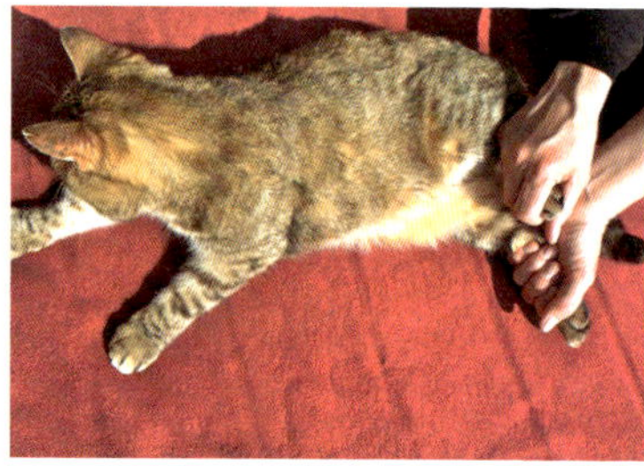

Sterbehilfe

Falls Ihre Katze im Sterben liegt, können Sie, um ihr den Übergang zu erleichtern, das **SES 4** zusammen mit dem **SES 13** halten.

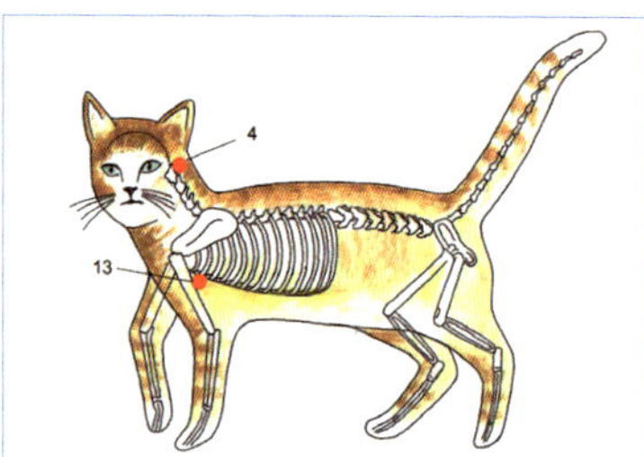

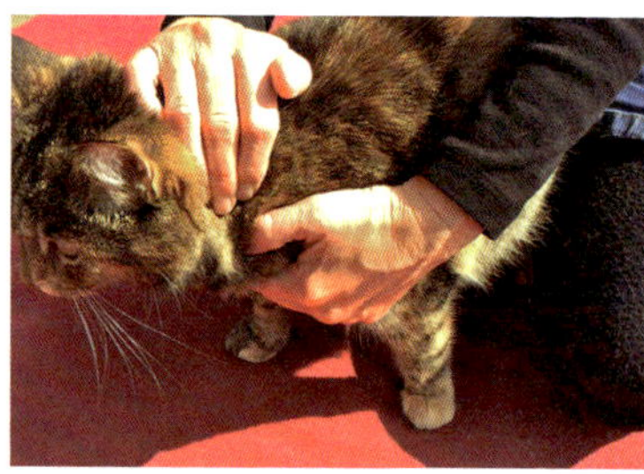

Das SES 4 ist ein wichtiges SES bei allen Übergängen. Man sagt, es stoppt das Sterben, wenn es noch nicht dran ist, und Sterbenden hilft es, gehen zu können.

Andere Probleme

140 Stubenreinheit

140 Unsauberkeit

140 Nebenwirkungen von Medikamenten ausgleichen

141 Impfreaktionen lindern

Stubenreinheit

Wenden Sie den **Blasenstrom** (S. 41) an.

Unsauberkeit

Ist Ihre Katze etwas nachlässig mit ihrer Körperpflege, legen Sie eine Hand in den Nacken auf **beide SES 12** und die andere Hand auf das **Steißbein** (Ansatz Schwanz).

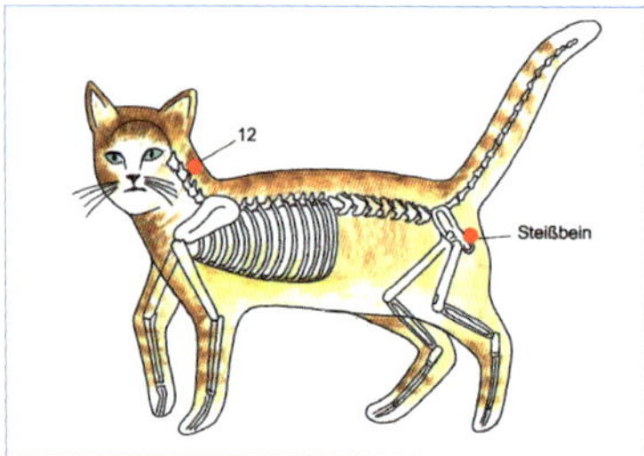

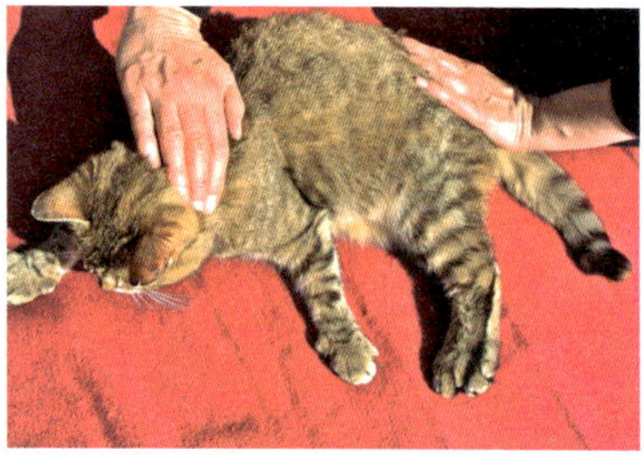

Nebenwirkungen von Medikamenten ausgleichen

Um Nebenwirkungen von Medikamenten auszugleichen, strömen Sie das **SES 21** und das **SES 23** erst auf der einen und dann auf der anderen Körperseite.

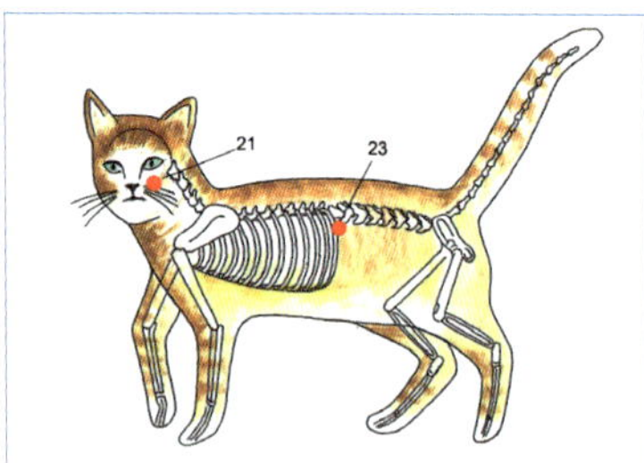

Halten Sie **beide SES 22** oder das **SES 22** zusammen mit dem **SES 23.**

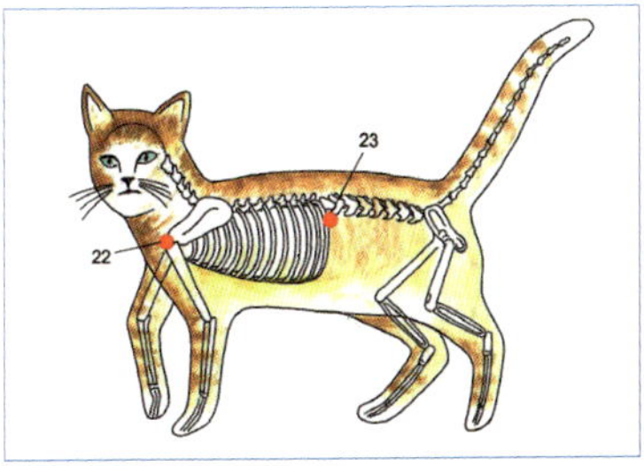

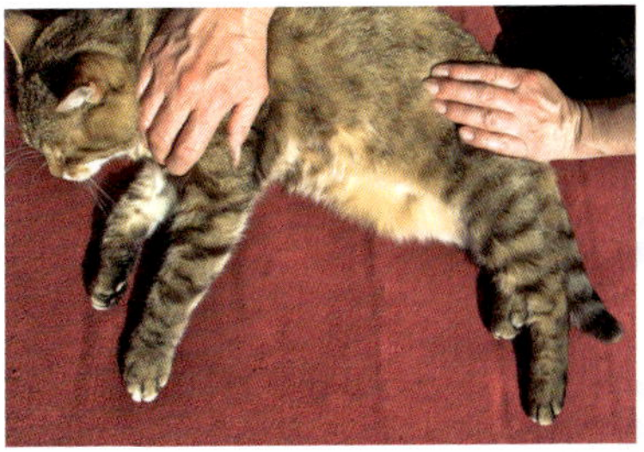

Impfreaktionen lindern

Wenden Sie den **Milzstrom** (S. 32) an, oder strömen Sie das **SES 23** und das **SES 25.**

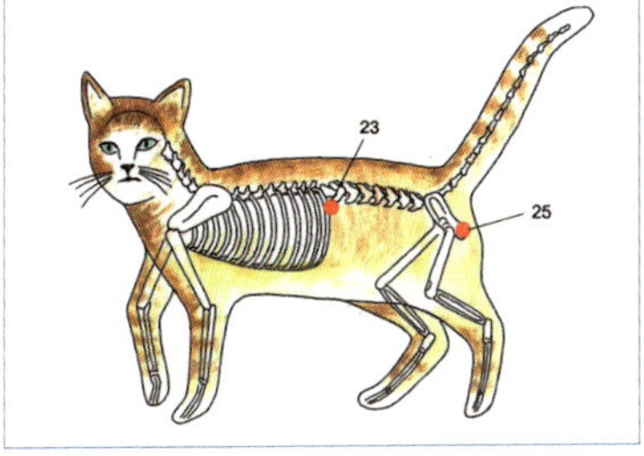

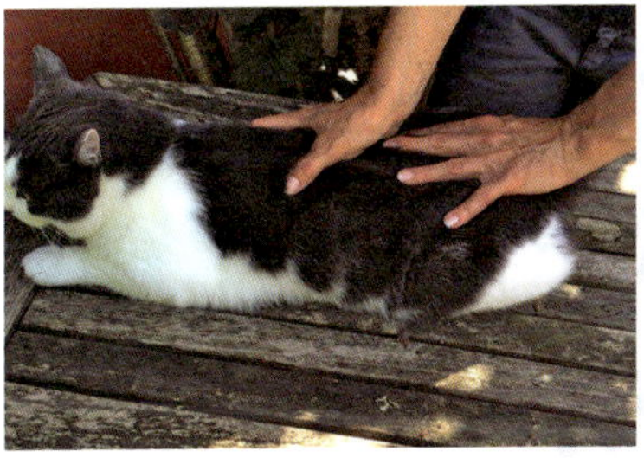

Nachwort

Bleiben Sie dran! Jin Shin Jyutsu ist eine wunderbare, einfache und doch hocheffektive Methode, Ihre Katze in allen Lebenslagen zu stärken und Ungleichgewichte zu harmonisieren. Die Lebensenergie kommt wieder in Schwung, die Selbstheilungskräfte werden aktiviert, die Katze wird ausgeglichener, Symptome können sich wieder auflösen, und Ihre Katze fühlt sich sichtlich wohler und ist entspannter. Und natürlich gesünder! Und es ist nicht einmal ein großer Zeitaufwand, da Tiere sehr schnell auf das Geströmtwerden reagieren, meist reichen wenige Minuten aus. Auch Sie selbst fühlen sich danach kraftvoller und entspannter. Ich wünsche Ihnen weiterhin wunderbare Strömerlebnisse!

Herzlichst
Tina Stümpfig-Rüdisser

Dank

Ich danke Jiro Murai, der Jin Shin Jyutsu wiederentdeckt und seine Erkenntnisse darüber weitergegeben hat, und Mary Burmeister, die dieses Wissen in die westliche Welt gebracht und somit uns zugänglich gemacht hat. Ich danke allen Lehrern, bei denen ich selbst lernen durfte und immer wieder lernen darf.
Ein großes Danke geht an meinen Vater, Erwin Weber, für die Katzenzeichnungen.
Für ihre Unterstützung danke ich allen Fotomodellen – Menschen und Katzen: Ronja und Nola mit Carlos, Annette mit

Isabella und meinen Töchtern Jana, Mira, Samaya und Lucia mit Mirkosch und Luna.
Danke allen, die sich mit ihren Tieren auf das »Abenteuer Strömen« einlassen, für ihre Liebe und Geduld.

Weitere Informationen

Informationen über Kurse und Seminare der Autorin finden Sie unter: **www.harmonie-der-mitte.de**

Jin Shin Jyutsu® Physio-Philosophie ist in den USA urheberrechtlich geschützt und Eigentum der Jin Shin Jyutsu Inc., Scottsdale, Arizona.

Literaturempfehlungen

Burmeister, Alice: Heilende Berührung. Knaur, München 2000

Burmeister, Mary: What Mary says. J.S.J.Inc., Scottsdale, Arizona 1997

Burmeister, Mary: Einführung in Jin Shin Jyutsu. Bd. 1–3. Raphael Verlag, Bonn 1990

Fahrnow, Ilse-Maria: Mehr Energie mit Jin Shin Jyutsu. Südwest Verlag, München 2012

Riegger-Krause, Waltraud: Jin Shin Jyutsu. Südwest Verlag, München 2005

Stümpfig-Rüdisser, Tina: Meine Hände helfen und heilen. Verlag Via Nova, Petersberg 2008

Stümpfig-Rüdisser, Tina: Lebensquell Jin Shin Jyutsu. Verlag Via Nova, Petersberg 2010

Stümpfig-Rüdisser, Tina: Jin Shin Jyutsu – Die Kunst des Heilströmens erlernen. Verlag Via Nova, Petersberg 2013

Stümpfig-Rüdisser, Tina: Jin Shin Jyutsu – Heilbehandlung bei Tieren. Verlag Via Nova, Petersberg 2015

Stümpfig-Rüdisser, Tina: Jin Shin Jyutsu – Heilströmen für Hunde. Schirner Verlag, Darmstadt 2016

Bildnachweis

Fotografien Katzen: © Tina Stümpfig Rüdisser; **Abbildungen Katzen:** © Erwin Weber
www.shutterstock.com: Schmuckelemente: Pfotenabdrücke: # 101421184 (© spirins); Wellenlinien: # 440339992 (© Olga Chaynikova)
S. 3–5, 18: # 334690679 (© TheRocky41); S. 7: # 549500395 (© Dabchai labchait); S. 9: # 300642677 (© MirasWonderland); S. 13: # 321007298 (© Alena Ozerova); S. 15: # 405123214 (© Jaromir Chalabala); S. 17: # 358947869 (© Suzanne Tucker); S. 29: # 425681791 (© TheRocky41); S. 30: # 493061398 (© PHOTOCREO Michal Bednarek); S. 37: # 156414890 (© Stefano Garau); S. 38: # 138979406 (© Valeri Potapova); S. 42: # 108066284 (© ArTDi101); S. 45: # 133365221 (© Nailia Schwarz); S. 46: # 437727535 (© Fotyma); S. 57: # 408956701 (© yunaways); S. 58: # 527367775 (© Janez Zalaznik); S. 65: # 432208498 (© fantom_rd); S. 66: # 145355941 (© Magdalena Kucova); S. 69: # 276553859 (© D_K); S. 70: # 372360697 (© Saturn29); S. 75: # 475374007 (© Gumpanat); S. 77: # 142870015 (© Shvaygert Ekaterina); S. 78: # 269523908 (© STemnova); S. 81: # 259729697 (© Esin Deniz); S. 83: # 533857546 (© IrbisPhoto); S. 85: # 116104834 (© Anna Bolotnikova); S. 87: # 385626073 (© Elya Vatel); S. 88: # 540869407 (© qunamax); S. 95: # 298850945 (© Buppha); S. 96: # 536391613 (© Shebeko); S. 102: # 370688522 (© Esin Deniz); S. 105: # 534850006 (© Pathara Buranadilok); S. 106: # 529553059 (© Kheylyk Vadim); S. 107: # 562185541 (© Rachata Sinthopachakul); S. 109: # 530340658 (© Kheylyk Vadim); S. 110: # 541922353 (© Astrid Gast); S. 111: # 142958758 (© Ksenia Raykova); S. 115: # 429224173 (© Konstantin Aksenov); S. 117: # 250778881 (© andrzej bochenski); S. 118: # 544895215 (© Elena Sonmez); S. 120: # 548674522 (© Natalia7); S. 123: # 422663695 (© Nadezda Razvodovska); S. 124: # 363478454 (© Africa Studio); S. 125: # 352176329 (© Top Photo Engineer); S. 126: # 547092352 (© mussuc); S. 131: # 375847513 (© Peti74); S. 132: # 549500395 (© Dabchai labchait); S. 139: # 435586945 (© Massimo Cattaneo)